用mBlock
玩mBot機器人
互動程式設計
最新加強版

本書範例檔請至以下碁峰網站下載
http://books.gotop.com.tw/download/AEG002000
其內容僅供合法持有本書的讀者使用，未經授權不得抄襲、轉載或任意散佈。

Chapter **4**　mBot 智能送餐機

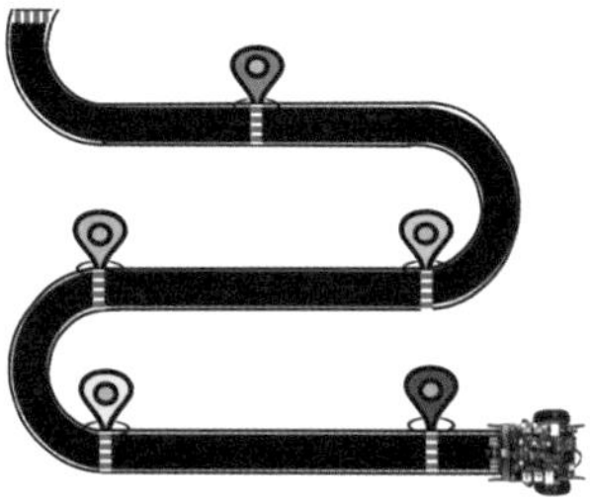

Chapter **5**　mBot AI 智能辨識

識別視窗　∨　✕

Communications - Microphone Array

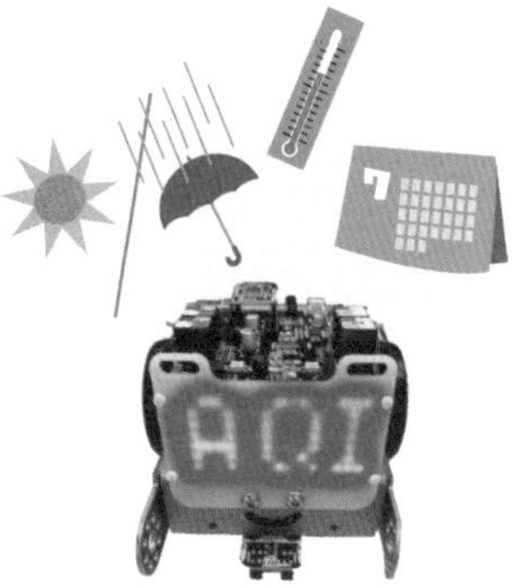

Chapter **6**　mBot 氣象播報機

Chapter 7 　mBot 智能學習機

Chapter 8 　mBot 娛樂機

01 mBot 競速賽車

在自動化的人工智能年代，mBot 化身百變智能小尖兵，幫助每個人解決生活上的問題。本章首先帶大家認識 mBot 組成元件與 mBlock 5 設計程式的方式，再舉辦 mBot 賽車競速大賽，歡迎大家一起來參賽。

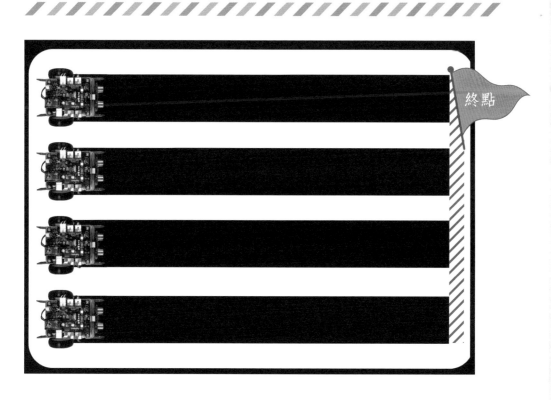

1. 認識 mBot 組成元件。

2. 下載並安裝 mBlock 5 程式。

3. 利用電腦連接 mBot 設計程式，並上傳程式執行。

4. 利用手機或平板遙控 mBot。

5. 在 mBot 賽車競速大賽中名列前茅。

學習重點

1.1 認識 mBot

mBot 由童心制物（MakeBlock）設計，分成藍牙版與 2.4 G 無線版，能夠利用手機、平板或電腦，以 mBlock 5 程式語言，設計程式控制 mBot 或應用紅外線遙控器，遙控 mBot。

一、mBot 組成元件

mBot 的組成元件包含：mCore 主板（mCore main board）、藍牙模組或 2.4G 無線模組、超音波感測器、循線感測器、馬達與紅外線遙控器，如下圖所示。

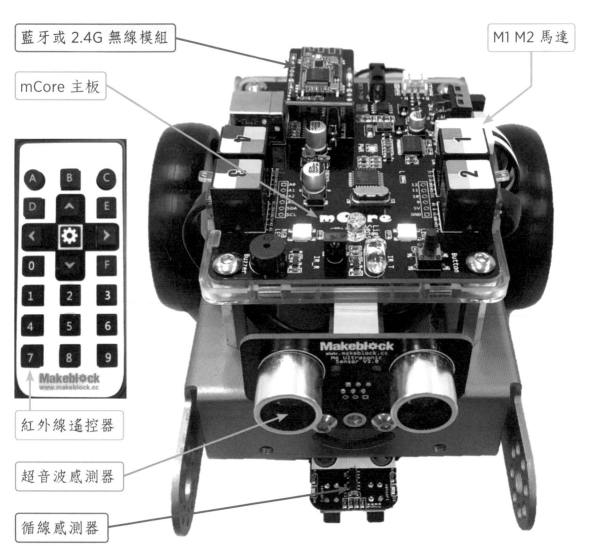

二、mCore 主板

mBot 機器人上方的主板稱為 mCore 主板（mCore main board），組成元件包含：光線感測器、LED 燈、蜂鳴器、紅外線接收與發射、按鈕、RJ25 連接埠、馬達連接埠、USB 連接埠、電源開關、重置按鈕等，如下圖所示。

❶ 紅綠藍 LED 燈（RGB LED）	❻ 按鈕（Button）	⓫ 馬達連接埠
❷ 蜂鳴器（Buzzer）	❼ 電源開關	⓬ 重置按鈕（Reset）
❸ RJ25 接頭	❽ USB 連接埠	⓭ 電池盒連接埠
❹ 紅外線接收	❾ 光線感測器	⓮ 藍牙 / 2.4G 無線模組
❺ 紅外線發射	❿ 鋰電池連接埠	

1.2 認識 mBlock 5

一、mBlock 5 版本

mBlock 5 程式語言是用來設計程式，讓 mBot 執行。它分成網頁版、離線版與行動載具三種版本。各種版本設計程式的方式如下圖所示。

❶ 開啟瀏覽器，輸入 mBlock 5 官方網站網址：【https://www.mblock.cc/zh-cn/】。

❷ 以網路連線在網頁編輯程式。

❸ 下載到電腦安裝，離線編輯程式。

❹ 以手機或平板利用網路連線編輯程式。

 小提示

本書以最新版 mBlock V5.4.0 為主。

二、mBlock 5 設計程式的方式

mBlock 5 程式視窗主要分成： 功能選單；舞台；設備、角色與背景；積木；程式。

Ⓐ 開啟或儲存專案。

Ⓑ 角色或背景程式的執行結果。　　Ⓓ 設備、角色或背景的程式積木。

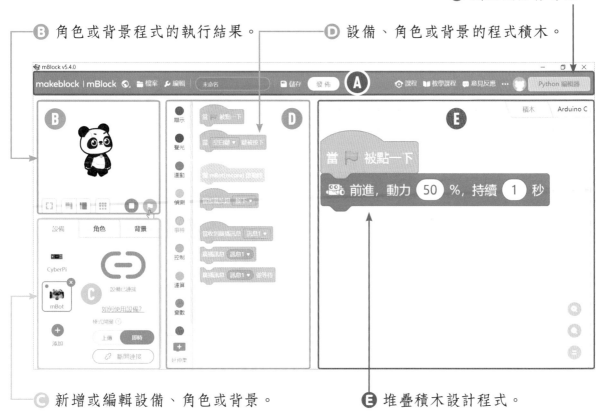

Ⓒ 新增或編輯設備、角色或背景。　　Ⓔ 堆疊積木設計程式。

小提示

mBlock 5 開啟預設的設備是「CyberPi」（童芯派）。

1.3 ▶ mBot 連接電腦

mBot 連接電腦的步驟如下：

步驟一 mBot 的 USB 連接電腦的 USB	步驟二 開啟 mBlock 5 + 添加 mBot	步驟三 連接

❶ 將 mBot 的 USB 序列埠與電腦的 USB 連接。

❷ 開啟 mBlock 5，在「設備」按 ➕ 添加，點選【mBot】，再按【確認】。

 **小提示**

如果顯示 下載更新圖示，先點選 【裝置更新】，先更新再下載。

❸ 按 【連接】，電腦顯示連接序列埠「COM4」，再按【連接】，將電腦連接 mBot。

❹ 按 的 ✕【刪除】，刪除 CyberPi(童芯派)。

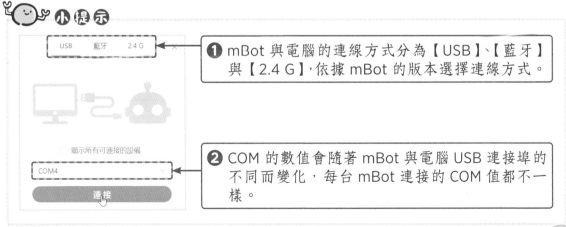

小提示

❶ mBot 與電腦的連線方式分為【USB】、【藍牙】與【2.4 G】，依據 mBot 的版本選擇連線方式。

❷ COM 的數值會隨著 mBot 與電腦 USB 連接埠的不同而變化，每台 mBot 連接的 COM 值都不一樣。

做·中·學 　更新韌體

第一次使用 mBot 或者連接 mBot 之後，如果出現「更新」提示，請先更新韌體。

1. 請連接 mBot 與電腦，點選【連接】、【設定】或【更新】，再按【更新韌體】，點選【線上更新韌體 > 更新】，更新過程中需要保持網路連線。

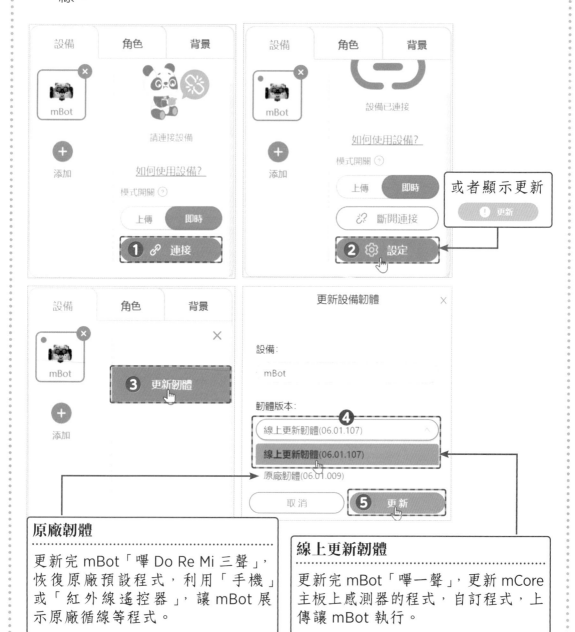

原廠韌體

更新完 mBot「嗶 Do Re Mi 三聲」，恢復原廠預設程式，利用「手機」或「紅外線遙控器」，讓 mBot 展示原廠循線等程式。

線上更新韌體

更新完 mBot「嗶一聲」，更新 mCore 主板上感測器的程式，自訂程式，上傳讓 mBot 執行。

1.4 mBlock 5 連接方式

mBot 連接電腦的 mBlock 5 編輯程式的方式，分為「即時模式」與「上傳模式」。

一、mBot 競速賽車：即時模式

即時模式讓 mBot 即時連接 mBlock 5，執行程式結果。

做·中·學　❶ mBot 即時連線運動

即時連線 mBlock 5 與 mBot，利用鍵盤方向鍵控制 mBot 前進、後退、左轉或右轉各 1 秒。

1. 點選 **事件** 與 **運動**，分別點選【上移鍵】、【下移鍵】、【左移鍵】、【右移鍵】，利用鍵盤控制 mBot 前進、後退、左轉或右轉 1 秒之後停止。

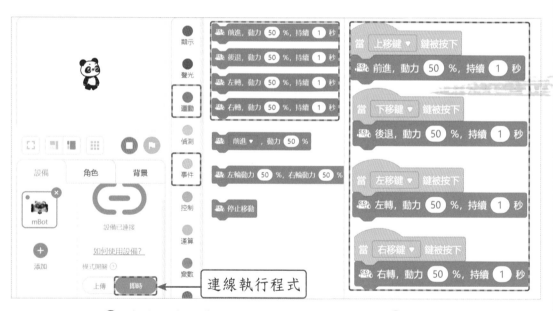

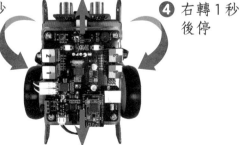

❶ 前進 1 秒後停止
❸ 左轉 1 秒後停
❹ 右轉 1 秒後停
❷ 後退 1 秒後停止

❶ 按鍵盤上移鍵
❸ 按鍵盤左移鍵
❹ 按鍵盤右移鍵

❷ 按鍵盤下移鍵

二、mBot 競速賽車：上傳模式

上傳模式需要在 mBlock 5 設計好程式，再上傳到 mBot 執行程式結果。

 做·中·學　❷ 上傳程式 mBot 運動

在上傳模式中，設計程式讓 mBot 開啟電源後自動前進 3 秒之後停止。

1. 點選 上傳 即時 ，切換為上傳模式。

2. 點選 事件 與 運動 ，拖曳下圖程式，mBot 開啟電源之後自動前進 3 秒之後停止。

3. 點擊 上傳 ，將程式上傳到 mBot。

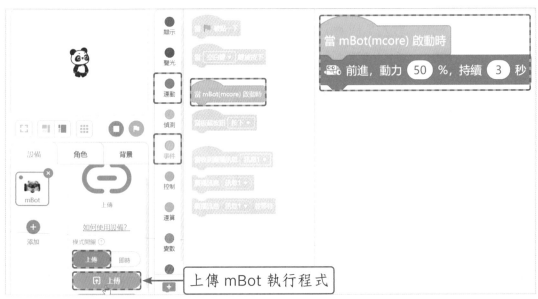

上傳 mBot 執行程式

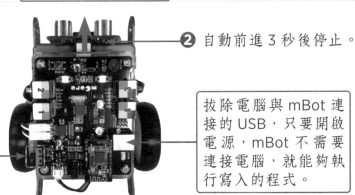

❷ 自動前進 3 秒後停止。

❶ 開啟電源。

拔除電腦與 mBot 連接的 USB，只要開啟電源，mBot 不需要連接電腦，就能夠執行寫入的程式。

學 中 思

即時模式與上傳模式的差異如下：

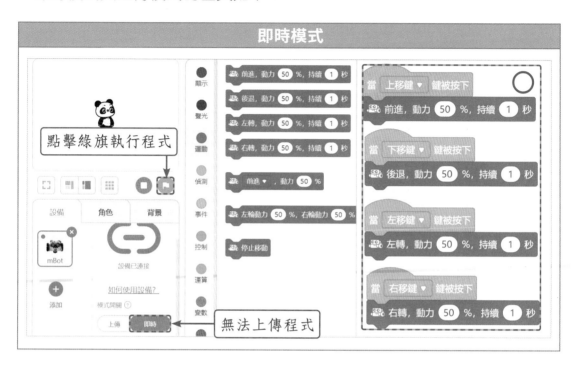

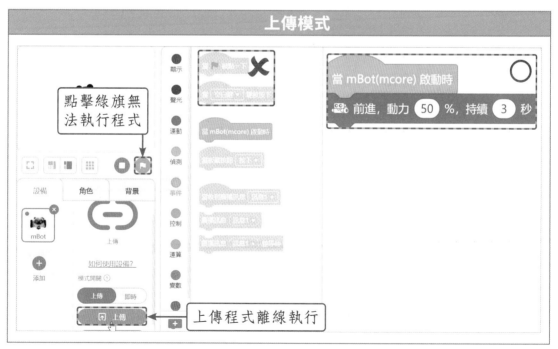

1.5 手機遙控 mBot

手機或平板遙控 mBot，僅限用於藍牙版 mBot，操作步驟如下：

步驟一 下載 mBlock APP	步驟二 開啟手機藍牙	步驟三 手機 mBlock APP 與 mBot 藍牙配對

一、下載 mBlock APP

利用手機遙控 mBot 之前，必須先到手機的 APP Store 下載手機版 mBlock 程式。

❶ 在手機 APP store 輸入【mBlock】，再點選 ☁【下載】，下載完成，點選【打開】。

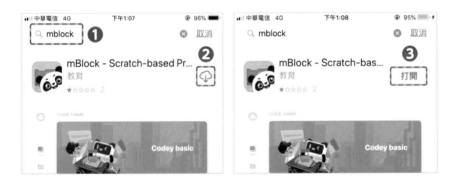

❷ 點選【編碼】編輯程式，再按 ➕【新增】。

③ 點選【mBot】，再按右上方【✓】。

④ 點選右上方紅色【藍牙】與【連接】、將手機靠近 mBot。

⑤ 連線成功，點擊【返回到程式碼】開始編輯程式。

⑥ 行動版 APP 與電腦版 mBlock 功能、視窗與操作方式相同。

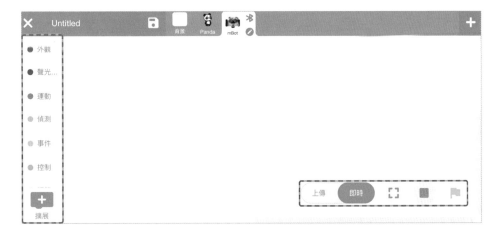

❼ 手機與 mBot 連線成功之後，mBot 藍牙模組上的藍色 LED 會停止閃爍。

亮藍色 LED

小提示

以電腦或手機連接 mBot，同一時間只能有一種連線方式 USB 或藍牙擇一，不能同時使用電腦 USB 連線與手機藍牙連線。

1.6 紅外線遙控器遙控 mBot

紅外線遙控器（IR）遙控原理是利用 mCore 主板上的紅外線接收（IR_R），接收紅外線遙控器的訊號。

紅外線接收（IR_R）

紅外線發射

在使用紅外線遙控器，遙控 mBot 之前必需先確認 mBot 已經更新為「原廠韌體」才能使用。紅外線遙控器遙控 mBot，主要預設功能如下：

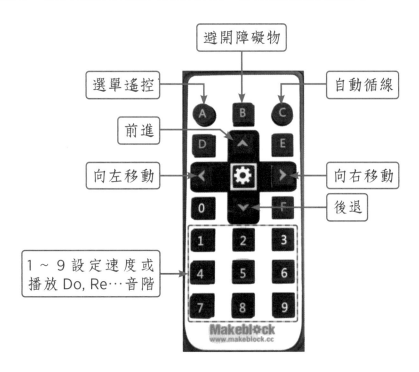

 做·中·學 ❸ 紅外線遙控器遙控 mBot

1. 點選【連接 > 更新 > 更新韌體 > 原廠韌體】，恢復原廠預設程式。

2. 將 mBot 放在循線紙上，將紅外線遙控器對準 mBot 的紅外線接收（IR_R）。

一、按 A 選單遙控

1. 按下遙控器 Ⓐ 按鈕、再按 ⌃、⌄、‹、›，檢查 mBot 是否前進、後退、向左與向右移動。

2. 按 1～9 調整 mBot 速度。

執行結果：□ 能夠前後左右移動　□ 無法移動，原因：＿＿＿＿＿＿。

二、按 B 避開障礙物

按下遙控器 B 按鈕，檢查 mBot 是否自動避開障礙物。

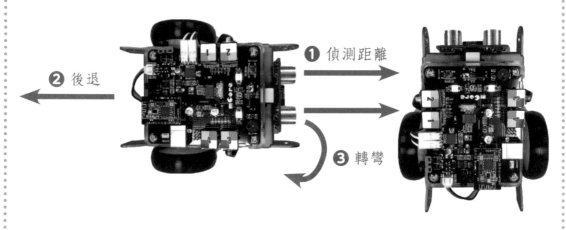

❷ 後退　　　**❶ 偵測距離**　　**❸ 轉彎**

執行結果：□ 自動避開 □ 無法避開，原因：＿＿＿＿＿＿＿＿＿＿＿＿＿＿＿＿。

 小提示

　原廠預設程式超音波感測器連接埠為 3，接線方式，參閱第三章。

三、按 C 循黑線前進

按下遙控器 C 按鈕，檢查 mBot 是否依循黑色的線前進。

執行結果：
□ 循線前進　 □ 無法循線前進，
原因：＿＿＿＿＿＿＿＿＿＿＿＿＿。

 小提示

　原廠預設程式循線感測器連接埠為 2，
接線方式，參閱第四章。

學中思

1. 按下 A、B、C 選單完全沒反應？
   - ★ 將 mBot 重新插上 USB 與電腦連線。
   - ★ 更新原廠韌體。

2. 按下 B 沒有避開障礙物或按下 C 沒有循黑色線？
   - ★ 將馬達 M1 與 M2 的插頭線互換，可能是前後馬達的線插反了。
   - ★ 檢查超音波感測器與循線感測器的連接埠是否正確。

3. 只要是黑色的線，mBot 都可以循黑線前進嗎？
   - ★ 將 mBot 放在黑色的紙上，循線感測器未亮燈，表示偵測的值為黑色，就能夠循著黑色前進。
   - ★ 將 mBot 放在白色的紙上，循線感測器亮燈，表示偵測的值為白色，預設程式會後退，尋找黑色前進。

1.7 mBot 競速賽車

請選擇 (A) 上傳模式、(B) 手機或平板、(C) 紅外線遙控器其中一種操控方式，設計 mBot 競速賽車。當裁判說:「開始」，mBot 用最大馬力加速前進，抵達終點時停止。最先抵達終點者獲勝。

一、上傳模式控制 mBot 競速賽車

當裁判說:「開始」,開啟 mBot 電源,mBot 以 100 動力直線前進 5 秒之後停止。

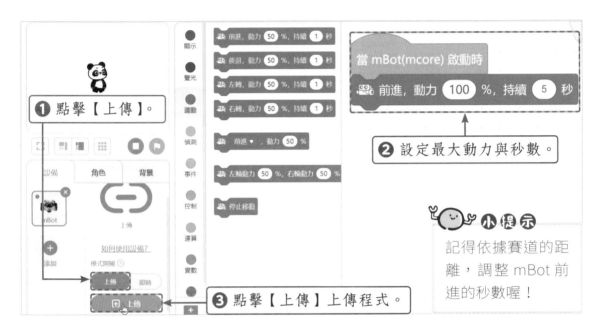

二、手機或平板控制 mBot 競速賽車

當裁判說:「開始」,點擊 ⚑ ,mBot 以 100 動力直線前進 5 秒之後停止。

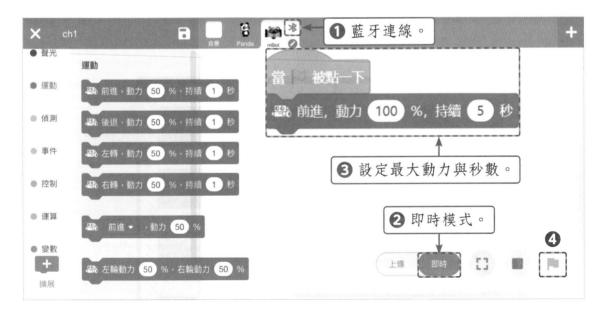

三、紅外線遙控器遙控 mBot 競速賽車

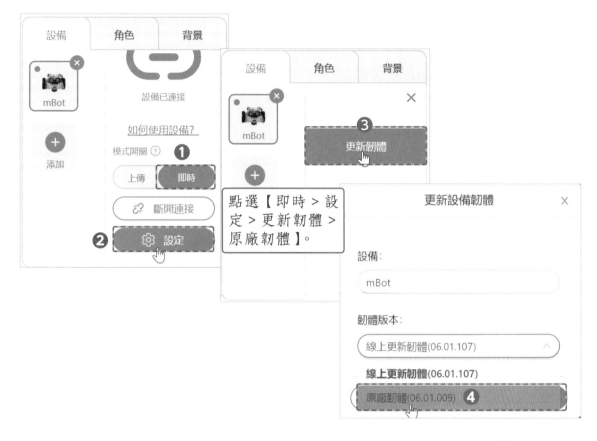

點選【即時 > 設定 > 更新韌體 > 原廠韌體】。

更新完成，當裁判說：「開始」，先按 1~9 調整前進的速度，再按 ▲ 讓 mBot 競速前進。

一、單選題

（　）1. 下關於 mBot 的敘述何者「錯誤」？
　　　　(A) 由童心制物（MakeBlock）設計製造
　　　　(B) 由 mCore 主板組成
　　　　(C) 以 mBlock，設計程式控制 mBot
　　　　(D) 僅能以電腦設計程式。

（　）2. 下列敘述中哪一個「不屬於」mBot 的硬體組成元件？
　　　　(A) 超音波感測器　　　　　　(B) mBlock 程式
　　　　(C) 循線感測器　　　　　　　(D) M1 與 M2 馬達。

（　）3. 如果在 mBlock 5 中想要設計 mBot 程式，應該使用下列哪一個選項？
　　　　(A) 設備　　　　(B) 角色　　　　(C) 背景　　　　(D) 造型。

（　）4. 在 mBlock 5，如果要連接 mBot 能夠使用下列哪一種方式？
　　　　(A) USB　　　　(B) 藍牙　　　　(C) 2.4G　　　　(D) 以上皆可。

（　）5. 如果想要設計 mBot 競速賽車，可以使用下列哪一種方式？
　　　　(A) 電腦版 mBlock 5 再上傳　　(B) 手機或平板即時模式
　　　　(C) 紅外線遙控器　　　　　　　(D) 以上皆可。

二、填充題

請寫出下列 mCore 主板中
感測器或元件名稱：

1. （　　　　　　）
2. （　　　　　　）
3. （　　　　　　）
4. （　　　　　　）
5. （　　　　　　）

三、實作題

請利用手機連接 mBot，設計按下板載按鈕之後，mBot 前進 3 秒後停止。

02 mBot 星星之舞學習機

mBot 智能小尖兵現在要變身為星星之舞學習機,陪伴主人唱小星星、跳星星之舞。

學習重點

1 理解 mCore 主板的蜂鳴器、按鈕與 mBlock 積木。

2 應用馬達設計 mBot 跳星星之舞。

3 應用蜂鳴器自動播放歌曲。

4 上傳程式到 mBot 離線執行。

2.1 mBot 星星之舞學習機元件規劃

本章將設計 mBot 星星之舞學習機，當按下 mBot 的「按鈕」時，mBot 以「蜂鳴器」唱一節小星星，播放完畢，再跳一段星星之舞，跳完再繼續唱下一節小星星，重複直到整首歌唱完，mBot 也完成星星地圖。mBot 星星之舞學習機使用的元件與功能如下圖所示。

 ❸ 跳星星之舞。
利用馬達讓 mBot 移動跳舞。

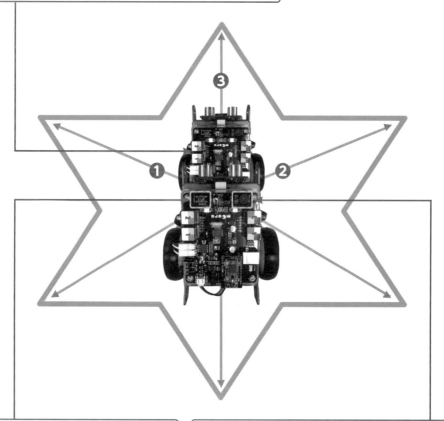

 ❶ 按下按鈕開始執行。
利用按鈕啟動程式。

 ❷ 唱小星星。
利用蜂鳴器播放小星星。

一、mBot 星星之舞學習機執行流程與關鍵積木

執行流程	關鍵積木

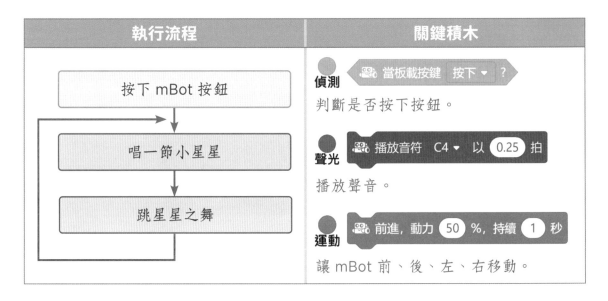

偵測 當板載按鍵 按下▼ ?
判斷是否按下按鈕。

聲光 播放音符 C4▼ 以 0.25 拍
播放聲音。

運動 前進, 動力 50 %, 持續 1 秒
讓 mBot 前、後、左、右移動。

執行流程方塊：
- 按下 mBot 按鈕
- 唱一節小星星
- 跳星星之舞

2.2 mBot 基本功能 – 馬達

一、馬達

mBot 左右兩側各有一個馬達，左輪連接在 M1、右轉連接在 M2，用來提供動力，讓 mBot 能夠前進、後退、左轉或右轉。

M1
M2

M1 馬達（左輪）

M2 馬達（右輪）

二、馬達積木

馬達積木主要功能在控制動力的方向與動力值，讓 mBot 能夠移動。

功能	積木與說明
前進	運動　前進，動力 50 %，持續 1 秒 以 50% 動力前進 1 秒後停止。
後退	運動　後退，動力 50 %，持續 1 秒 以 50% 動力後退 1 秒後停止。
左轉	運動　左轉，動力 50 %，持續 1 秒 以 50% 動力左轉 1 秒後停止。
右轉	運動　右轉，動力 50 %，持續 1 秒 以 50% 動力右轉 1 秒後停止。
持續前進	運動　前進 ▼，動力 50 % ✓ 前進 後退 左轉 右轉 以 50% 動力前進、後退、左轉或右轉，不停止。
停止	運動　停止運動 停止馬達運轉。

 小提示

動力範圍從 0%~100%。

做·中·學 ❶ 測試 mBot 旋轉角度

請利用秒數控制 mBot 旋轉角度，首先將 mBot 放在右圖一面朝上。再依照下列順序操作，將操作結果填入下列表格。

❸ 點擊綠旗，mBot 開始旋轉。

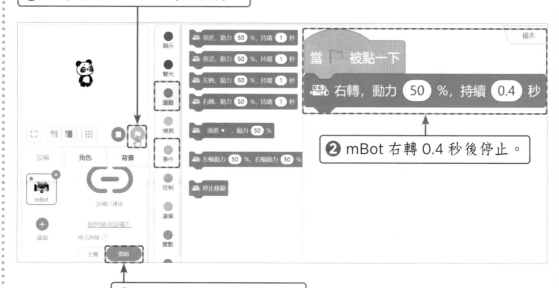

❷ mBot 右轉 0.4 秒後停止。

❶ 連線模式設為【即時】。

馬達動力	旋轉角度	秒數
50%	_____ 度	0.4 秒
75%	_____ 度	0.3 秒
100%	_____ 度	0.2 秒

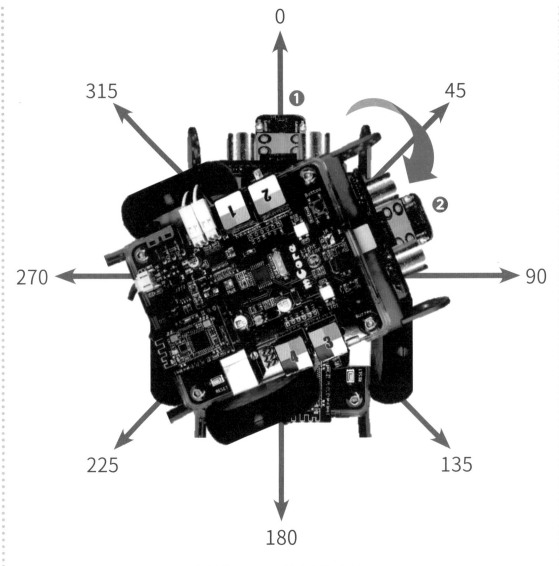

測試 mBot 旋轉角度圖

小提示

mBot 旋轉的角度會隨著充電狀態、動力 50% 及秒數而變化，動力愈大，秒數愈少。

2.3 mBot 按鈕與鋒鳴器

本章將使用 mCore 主板上的基本元件包括：按鈕與蜂鳴器。

一、按鈕與鋒鳴器

mBot 主板上的按鈕，利用按下或鬆開按鈕傳遞資訊。蜂鳴器的功能用來播放聲音。

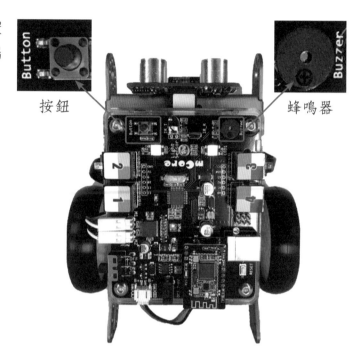

按鈕　　　　　　　　　蜂鳴器

二、按鈕積木

按鈕積木主要功能在按下按鈕或鬆開按鈕時開始執行程式，或傳回按鈕的偵測值。

功能	積木	說明
按鈕啟動	**事件** 當板載按鈕 按下 ▾ ／ ✓ 按下 ／ 鬆開	當按鈕按下或鬆開按鈕時開始執行程式。
偵測是否按下按鈕	**偵測** 當板載按鍵 按下 ▾ ？ ／ ✓ 按下 ／ 鬆開	偵測按鈕按下或鬆開，偵測結果為 1 或 0。 1：已按下或已鬆開按鈕。 0：未按下或未鬆開按鈕。

做·中·學 ❷ 測試 mBot 按鈕

一、按下按鈕

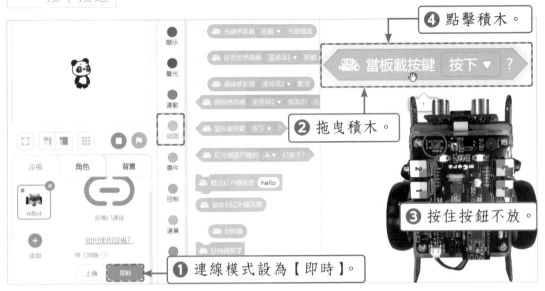

④ 點擊積木。

② 拖曳積木。

③ 按住按鈕不放。

❶ 連線模式設為【即時】。

點選 偵測 ，拖曳積木 當板載按鍵 按下▼ ? ，按下 mBot 按鈕再點擊積木，檢查積木顯示的執行結果為何？

執行結果：□ 1　□ 0。

二、未按下按鈕

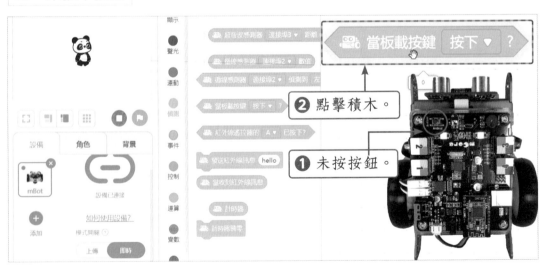

② 點擊積木。

❶ 未按按鈕。

點選 偵測 ，拖曳積木 當板載按鍵 按下▼ ? ，在未按下 mBot 按鈕時點擊積木，檢查積木顯示的執行結果為何？

執行結果：□ 1　□ 0。

三、蜂鳴器積木

蜂鳴器積木功能主要用來驅動蜂鳴器播放音符。與蜂鳴器相關的積木功能如下：

功能	積木與說明
播放音符	 A. 音符：從 C（D o）~B（Si），音符、音階與簡譜對照表如下： B. 節拍：0.25 拍、0.5 拍、1 拍等。
播放音頻	 1. 赫茲：聲音的頻率。 2. 音階與音頻赫茲對照表如下。

A. 音符表：

音符	C	D	E	F	G	A	B
音階	Do	Re	Mi	Fa	So	La	Si
簡譜	1	2	3	4	5	6	7

播放音頻表：

音階	Do	Re	Mi	Fa	So	La	Si
低音音頻	262	294	330	349	392	440	494
中音音頻	523	587	659	698	784	880	988
高音音頻	1046	1175	1318	1397	1568	1760	1976

做·中·學　❸ 蜂鳴器播放音樂

1. 點選 ●聲光，拖曳下圖二積木，並點擊二個積木聆聽蜂鳴器播放哪一個音符？

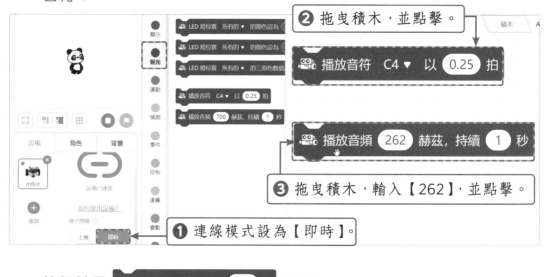

執行結果　播放音符 C4 ▼ 以 0.25 拍 播放 _____。

執行結果　播放音頻 262 赫茲，持續 1 秒 播放 _____。

2. 拖曳下圖積木，按下 mBot 按鈕，聆聽蜂鳴器播放哪一首歌？

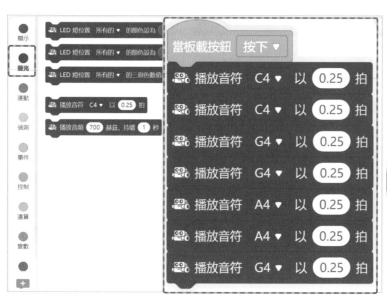

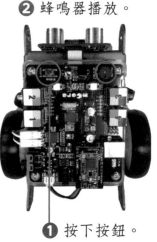

執行結果：_____。

2.4 mBot 蜂鳴器唱小星星

當按下 mBot 的「按鈕」時，mBot 唱小星星。

一、小星星

小星星的音譜、簡譜與音階對照表如下：

做·中·學 ❹ 音符、音階與簡譜轉換

音符	C	D	E	F	G	A	B
音階	Do	Re	Mi	Fa	So	La	Si
簡譜	1	2	3	4	5	6	7

請參考音符、音階與簡譜對照表，將上述小星星第五節與第六節的簡譜音符轉換成音階，並填入課文中。

二、mBot 蜂鳴器唱小星星

❶ 點選 📁檔案,【檔案 > 新建專案】,將連線模式設定為【即時】。

❷ 按 自訂積木 ,點選 新增積木指令 ,輸入【小星星第一節 > 確認】,定義小星星第一節播放音階的積木。

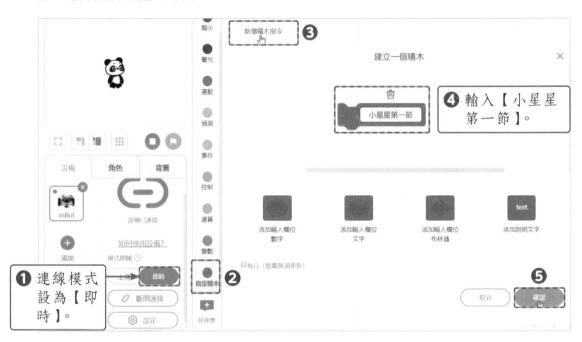

❸ 點選 🔵聲光 ,拖曳 7 個 播放音符 C4 ▾ 以 0.25 拍 ,分別點選【C4】、【C4】、【G4】、【G4】、【A4】、【A4】、【G4】與【0.25 拍】。

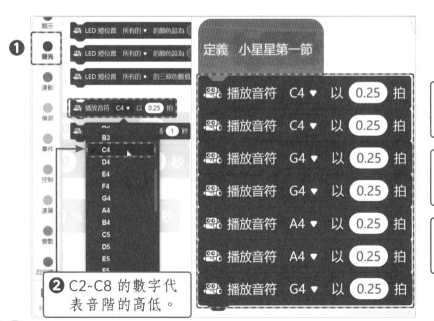

1 「自定積木」中「定」為翻譯文字,正確用法為「自訂積木」,本書皆使用「自訂積木」。

2 利用 **自訂積木**,以 定義 小星星第一節 定義 mBot「小星星第一節」的程式積木,

再拖曳 小星星第一節,播放小星星第一節的功能。

④ 重複步驟 2~3,自訂積木【小星星第二節】與【小星星第三節】。

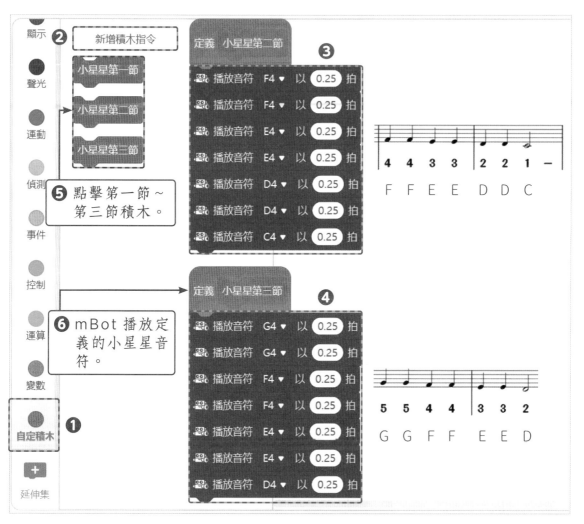

⑤ 點選 **事件** 與 **自訂積木**,拖曳下圖積木,當按下按鈕時,mBot 連線即時播放小星星。

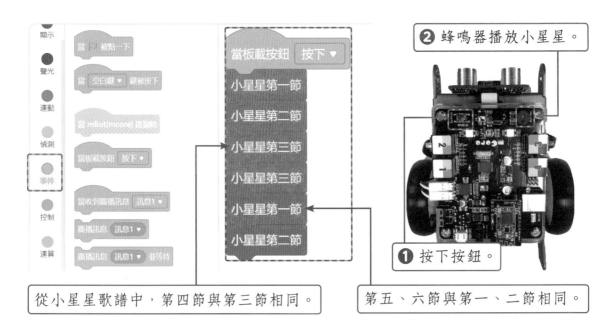

從小星星歌譜中，第四節與第三節相同。

❷ 蜂鳴器播放小星星。

❶ 按下按鈕。

第五、六節與第一、二節相同。

2.5 mBot 馬達跳星星之舞

mBot 唱一節小星星，播放完畢再跳一段星星之舞，跳完再繼續唱下一節小星星，重複直到整首歌唱完，mBot 也完成星星地圖。星星之舞的舞步如下：

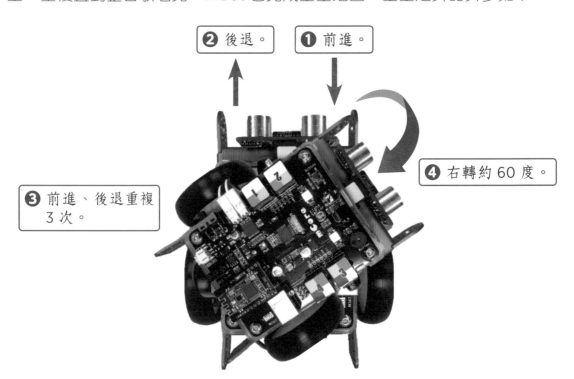

❷ 後退。

❶ 前進。

❹ 右轉約 60 度。

❸ 前進、後退重複 3 次。

1️⃣ 按 自訂積木 ，點選 新增積木指令 ，輸入【星星之舞 > 確認】，再拖曳下圖運動積木。

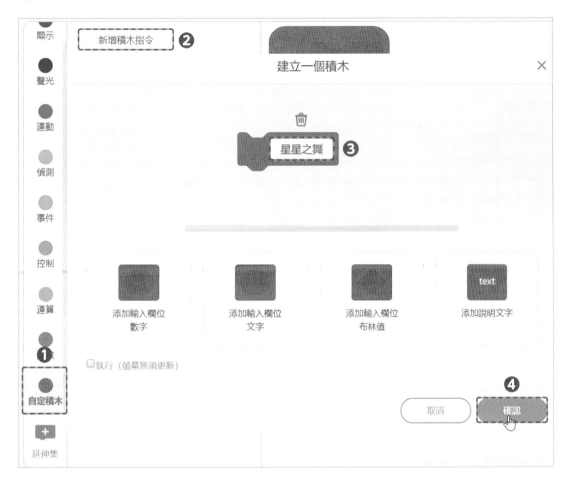

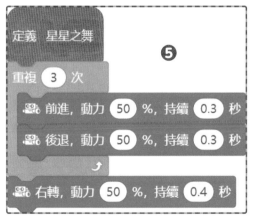

😊 小提示

mBot 前進、後退與右轉配合小星星的節奏，調整運動的秒數。當 mBot 唱完小星星的六節音符時，也旋轉 6 次的 60 度，剛好回到原點。

❷ 點選 [事件] 與 [自訂積木]，將星星之舞積木放在小星星第一節之後，讓 mBot 唱一節小星星，跳一段星星之舞。

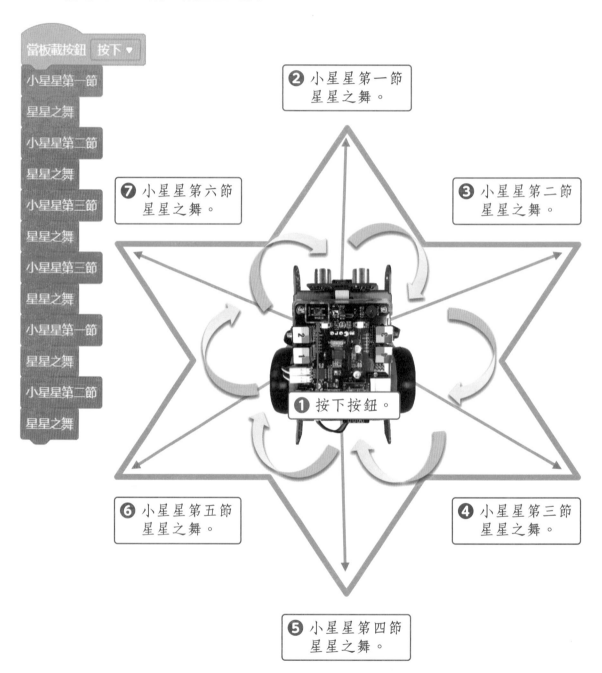

當板載按鈕 按下 ▼
小星星第一節
星星之舞
小星星第二節
星星之舞
小星星第三節
星星之舞
小星星第三節
星星之舞
小星星第一節
星星之舞
小星星第二節
星星之舞

❷ 小星星第一節
星星之舞。

❸ 小星星第二節
星星之舞。

❼ 小星星第六節
星星之舞。

❶ 按下按鈕。

❻ 小星星第五節
星星之舞。

❹ 小星星第三節
星星之舞。

❺ 小星星第四節
星星之舞。

2.6 mBot 星星之舞學習機

mBlock 5 程式設計時，以即時模式，測試程式執行是否正確。程式設計完成，開啟上傳模式，上傳程式。以後只要開啟 mBot 電源，按下按鈕 mBot 就會唱小星星、跳星星之舞，不需要連接電腦。程式設計流程如下：

即時模式 ▶ 設計程式 測試結果 ▶ 開啟上傳模式 上傳程式 ▶ 打開 **mBot 電源** 星星之舞學習機

點擊 上傳 即時 【開啟上傳模式】，點選 **事件** 、 **控制** 與 **偵測** 拖曳下圖積木，mBot 啟動之後，開始等待，直到按下按鈕開始唱小星星、跳星星之舞。

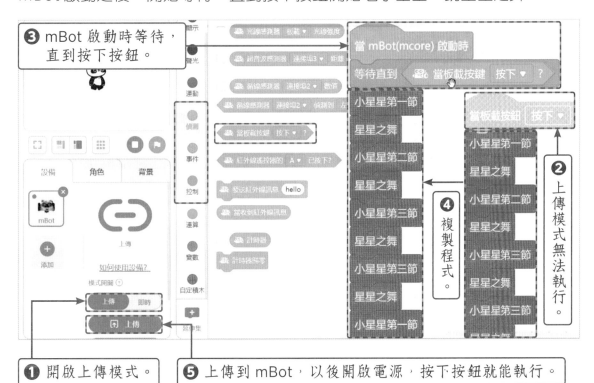

❸ mBot 啟動時等待，直到按下按鈕。

❷ 上傳模式無法執行。

❹ 複製程式。

❶ 開啟上傳模式。

❺ 上傳到 mBot，以後開啟電源，按下按鈕就能執行。

小提示

當板載按鈕 按下 ▼ 積木在「上傳模式」顯示灰色，無法執行，當板載按鈕按下積木在「即時模式」才能執行。

課 後 練 習

一、單選題

( ) 1. 如果想讓 mBot 發出聲音，會使用哪一個元件？

(A) 蜂鳴器　　(B) LED 燈　　(C) 馬達　　(D) 藍牙

( ) 2. 下列關於 mBot 的元件敘述何者「錯誤」？

(A)   按鈕　　　　　　(B)  馬達

(C)  蜂鳴器　　　　　(D)  LED

( ) 3. 如果想設計讓 mBot「前進固定秒數之後停止」，應該使用下列哪一個積木？

(A)  前進▼，動力 50 %　　　　(B)  停止運動

(C)  前進，動力 50 %，持續 1 秒　　(D) 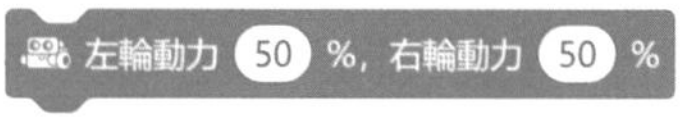 左輪動力 50 %，右輪動力 50 %

( ) 4. 如果想要設計偵測「板載按鈕」是否按下，應該使用下哪一個積木？

(A)  空白鍵▼ 鍵已按下?　　　(B)  當板載按鍵 按下▼ ?

(C)  滑鼠鍵被按下了嗎?　　　(D)  紅外線遙控器的 A▼ 已按下?

( ) 5. 關於右圖積木的敘述，何者「正確」？

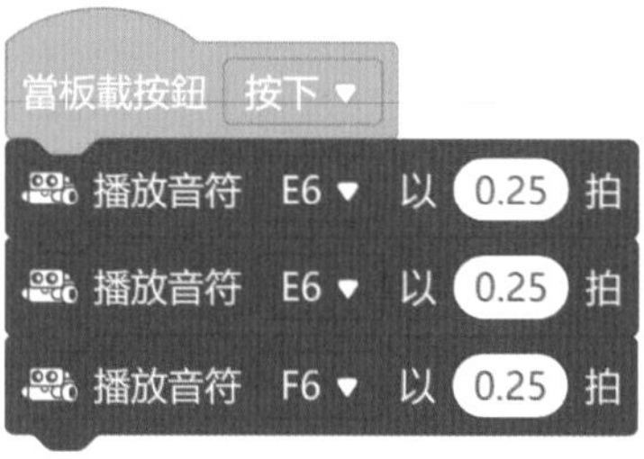

(A) 休息 0.25 拍
(B) 電腦喇叭播放音效
(C) 播放 Do Do Re 音階
(D) 按下 mBot 板載按鈕開始執行程式

> 當板載按鈕 按下▼
> 播放音符 E6▼ 以 0.25 拍
> 播放音符 E6▼ 以 0.25 拍
> 播放音符 F6▼ 以 0.25 拍

二、實作題

1. 請六人一組，將 mBot 放在星星地圖上，讓 6 台 mBot 一起跳星星群舞。

2. 請上網搜尋你最愛的歌曲，以「播放音符」讓 mBot 播放歌曲。

03 mBot 避障機

mBot 要變身為避障機，陪伴主人出門散步時候，能夠幫忙偵測是否遇到障礙物。在接近障礙物時能夠發出警示聲，點亮警示燈，提醒主人，再後退與轉彎。

❶ 按下按鈕。　　❺ 點亮 LED 警示燈。

❷ 前進。　　　　❻ 後退與轉彎。

❸ 接近障礙物。

❹ 嗶嗶警示聲。

1　理解 mBot 的超音波感測器與 mBlock 積木。

2　應用超音波感測器設計 mBot 避障機。

3　應用蜂鳴器播放警示聲。

4　點亮並關閉 LED，同時設定 LED 顏色。

5　應用 LED 顯示警示燈。

3.1 mBot 避障機元件規劃

本章將設計 mBot 避障機，當按下 mBot 的「按鈕」時，mBot 跟著主人前進一起散步，當 mBot 接近障礙物時，播放警示聲並點亮 LED，提醒主人注意，mBot 再後退轉彎。mBot 避障機使用的元件與功能如下圖所示。

mBot	功能	mBot	功能
按鈕	❶ 按下按鈕開始執行。 利用按鈕啟動程式。	蜂鳴器	❹ 嗶嗶警示聲。 利用蜂鳴器播放警示聲。
馬達	❷ 前進；❻ 後退、轉彎。 利用馬達讓 mBot 前進、後退與轉彎。	LED	❺ 點亮警示燈。 利用 LED 點亮警示燈。
超音波感測器	❸ 接近障礙物。 利用超音波感測器偵測距離。		

一、mBot 避障機執行流程與關鍵積木

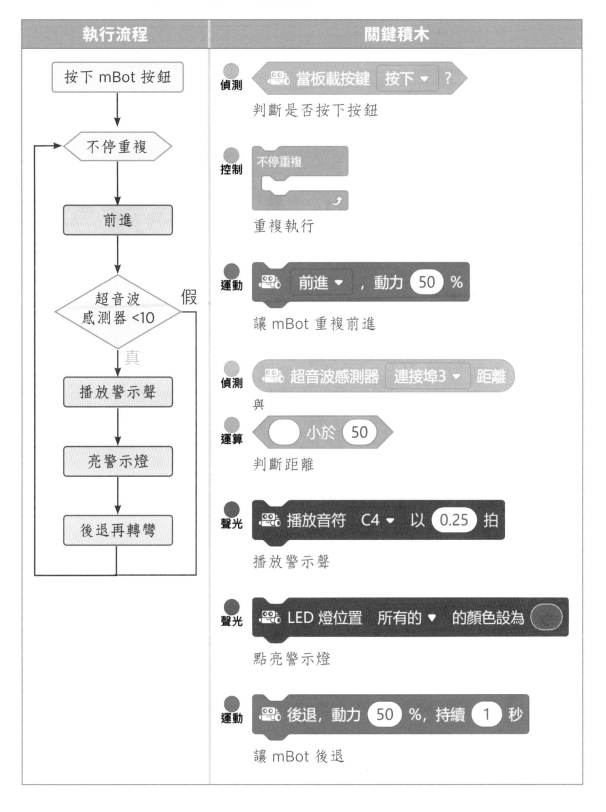

執行流程	關鍵積木
按下 mBot 按鈕	**偵測** 當板載按鍵 按下 ▼ ？ 判斷是否按下按鈕
不停重複	**控制** 不停重複 重複執行
前進	**運動** 前進 ▼ ，動力 50 % 讓 mBot 重複前進
超音波感測器 <10 假 真	**偵測** 超音波感測器 連接埠3 ▼ 距離 與 **運算** ○ 小於 50 判斷距離
播放警示聲	**聲光** 播放音符 C4 ▼ 以 0.25 拍 播放警示聲
亮警示燈	**聲光** LED 燈位置 所有的 ▼ 的顏色設為 ○ 點亮警示燈
後退再轉彎	**運動** 後退，動力 50 %，持續 1 秒 讓 mBot 後退

3.2 超音波感測器

一、超音波感測器

超音波感測器主要功能在偵測與物體之間的距離，偵測距離從 3 公分到 4 公尺，最佳偵測角度在 30 度以內。超音波感測器連接 mBot 的位置如下圖所示。

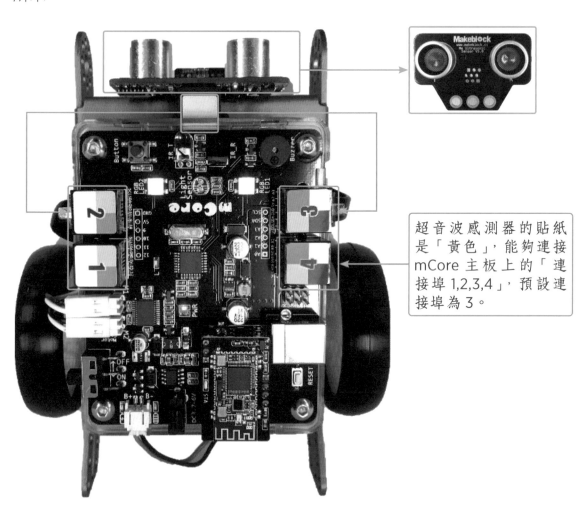

超音波感測器的貼紙是「黃色」，能夠連接 mCore 主板上的「連接埠 1,2,3,4」，預設連接埠為 3。

動手做 利用手機或紅外線遙控器遙控 mBot 時，原廠程式預設超音波感測器與 mCore 主板的連接埠是 3。

二、超音波感測器積木

超音波感測器積木主要功能在傳回超音波感測器與障礙物之間的距離。

功能	積木與說明
偵測距離	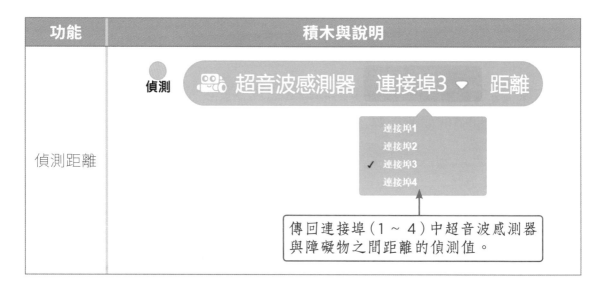

三、超音波感測器偵測方式

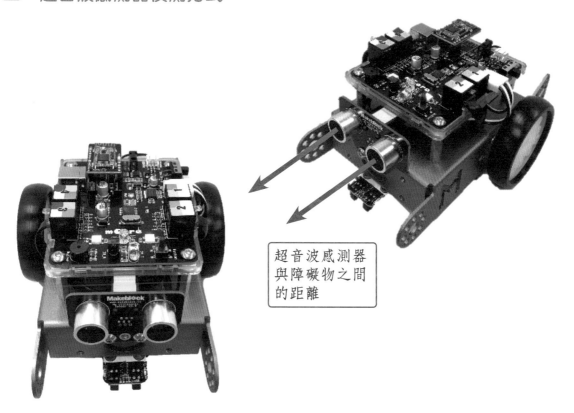

超音波感測器
與障礙物之間
的距離

做·中·學 ❶ 超音波感測器偵測距離

1. 將連線方式設為 上傳 即時 ，檢查超音波感測器與 mBot 的連接埠，並勾選連接埠。

   □ 連接埠 1　□ 連接埠 2　□ 連接埠 3　□ 連接埠 4

2. 按 偵測，勾選 ☑「超音波感測器連接埠 3 距離」，在舞台顯示超音波感測器即時的偵測距離。

3. 在超音波感測器前揮手，將舞台顯示超音波感測器的距離填入下列空格中。

執行結果：距離偵測為：＿＿＿＿＿＿＿＿＿＿＿＿＿＿＿＿＿＿＿＿。

3.3 RGB LED

一、RGB LED (紅綠藍 LED)

板載 LED 主要功能在提供紅（R）、綠（G）、藍（B）等不同顏色的 LED，分成板載 LED1 與 LED2。LED1 與 LED2 在 mCore 主板的位置圖如下：

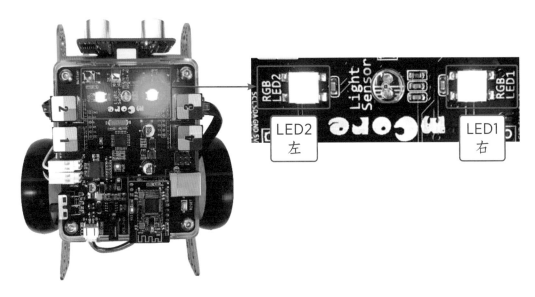

二、LED mBloc 積木

板載 LED 燈分成 LED1 與 LED2，兩個 LED 可以分別設定開、關與顏色。

功能	積木與說明
定時亮 LED	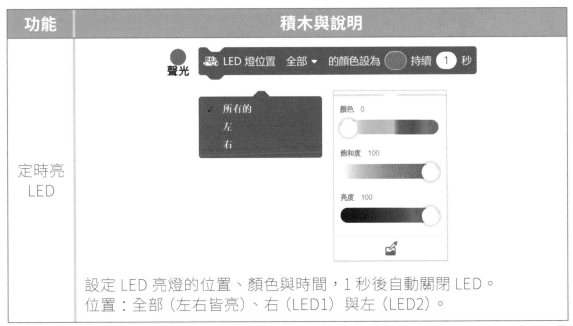 設定 LED 亮燈的位置、顏色與時間，1 秒後自動關閉 LED。 位置：全部（左右皆亮）、右（LED1）與左（LED2）。

功能	積木與說明
亮 LED	聲光　LED 燈位置　全部 ▼　的顏色設為 ⬤ 點亮紅色 LED 不關閉。
設定亮度	聲光　LED燈位置　全部 ▼　的配色數值為 紅 255 綠 0 藍 0 設定 LED 亮燈的位置與顏色。 位置：全部（左右皆亮）、右（LED1）與左（LED2）。 LED 亮度：0~255。 0：關閉，255 最亮。
關閉 LED	聲光　LED 燈位置　所有的 ▼　的三原色數值為 紅 0 綠 0 藍 0 關閉 LED：紅色 0、綠色 0、藍色 0。

 做·中·學 　❷ mBot LED 閃爍彩虹

點選 事件 與 聲光，拖曳下圖積木，當按下數字鍵 1~7，設定 LED 紅、綠、藍參數點亮虹彩七彩顏色。

❷ 按下鍵盤按鍵 1~8。

❶ 連線模式設為【即時】。

思 中 創

LED 點亮彩虹七彩顏色的紅、綠、藍色值。

	紅	綠	藍
紅	255	0	0
橙	255	165	0
黃	255	255	0
綠	0	255	0
藍	0	0	255
靛	0	127	255
紫	139	0	255

當 `1 ▼` 鍵被按下　　按下鍵盤按鍵 1，LED 點亮紅色。

LED 燈位置　所有的 ▼　的三原色數值為 紅 `255` 綠 `0` 藍 `0`

當 `2 ▼` 鍵被按下　　按下鍵盤按鍵 2，LED 點亮橙色。

LED 燈位置　所有的 ▼　的三原色數值為 紅 `255` 綠 `165` 藍 `0`

當 `3 ▼` 鍵被按下　　按下鍵盤按鍵 3，LED 點亮黃色。

LED 燈位置　所有的 ▼　的三原色數值為 紅 `255` 綠 `255` 藍 `0`

當 `4 ▼` 鍵被按下　　按下鍵盤按鍵 4，LED 點亮綠色。

LED 燈位置　所有的 ▼　的三原色數值為 紅 `0` 綠 `255` 藍 `0`

當 `5 ▼` 鍵被按下　　按下鍵盤按鍵 5，LED 點亮藍色。

LED 燈位置　所有的 ▼　的三原色數值為 紅 `0` 綠 `0` 藍 `255`

當 `6 ▼` 鍵被按下　　按下鍵盤按鍵 6，LED 點亮靛色。

LED 燈位置　所有的 ▼　的三原色數值為 紅 `0` 綠 `127` 藍 `255`

當 `7 ▼` 鍵被按下　　按下鍵盤按鍵 7，LED 點亮紫色。

LED 燈位置　所有的 ▼　的三原色數值為 紅 `139` 綠 `0` 藍 `255`

當 `8 ▼` 鍵被按下　　按下鍵盤按鍵 8，關閉 LED。

LED 燈位置　所有的 ▼　的三原色數值為 紅 `0` 綠 `0` 藍 `0`

學中思 LED 燈除了板載，可以外接擴充 LED 連接 mBot 的 1 ～ 4 連接埠。

> ## 3.4 等待與判斷障礙物距離的積木

mBot 啟動時,等待使用者按下按鈕才開始前進。前進過程中需要重複的判斷 mBot 與障礙物的距離。因此,使用的積木如下。

一、等待按下按鈕

在 **控制**,利用「等待」控制程式的執行時間。

功能	積木	說明
定時等待	**控制** 等待 1 秒	等待 1 秒之後,再繼續執行下一個程式積木。
條件式等待	**控制** 等待直到	等待直到 < 條件 > 成立之後才繼續執行下一個程式積木。

思 中 創

等待按下按鈕。

按下按鈕,點亮 LED。

未按下按鈕,繼續等待。

當 ▶ 被點一下
等待直到 當板載按鍵 按下 ▼ ?
LED 燈位置 左 ▼ 的顏色設為 ◯
LED 燈位置 右 ▼ 的顏色設為 ◯

二、「如果 - 那麼」判斷障礙物距離

在 ▣控制 ，利用「如果 - 那麼」控制程式的執行流程。

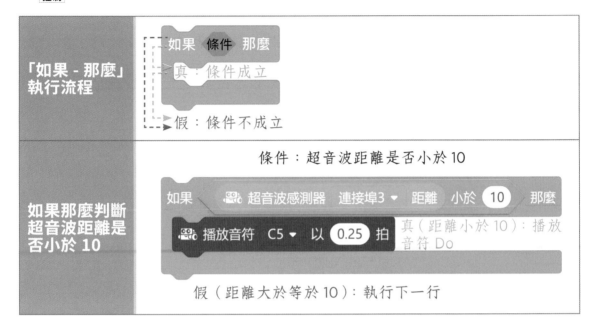

三、重複判斷障礙物距離

mBot 前進過程中，程式需要執行「重複」執行，才能在前進過程中重複判斷 mBot 與障礙物之間的距離。

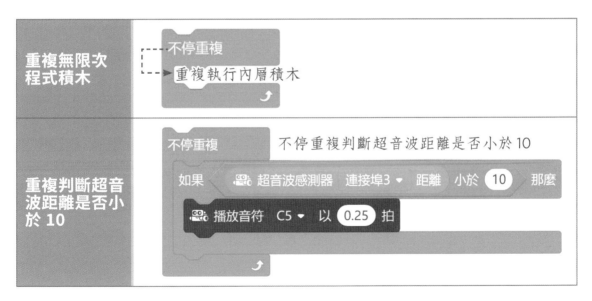

3.5 mBot 判斷障礙物距離

① 點選 ■檔案 ,【檔案 > 新建專案】,在「設備」按 ⊕添加 ,新增 mBot 【mBot】,
點選【連接 > COM 值 > 連接】,將連線模式設定為【即時】。

② 按 ● 事件 、● 控制 、● 運動 與 ● 偵測 ,拖曳下圖積木等待直到按下板載按鈕之後,
mBot 重複前進。

③ 按 ● 控制 、● 運算 、● 偵測 與 ● 運動 ，前進的過程中，重複判斷超音波感測器與障礙物之間的距離是否小於 10。如果小於 10，先後退，再轉彎。

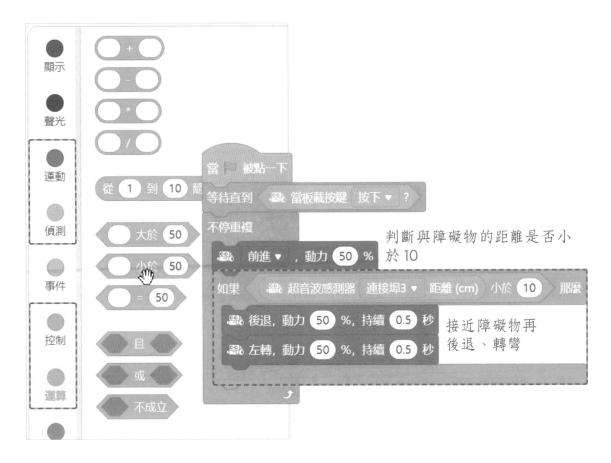

判斷與障礙物的距離是否小於 10

接近障礙物再後退、轉彎

④ 點擊 ▶ ，按下板載按鈕、檢查 mBot 是否前進，接近障礙物時後退 0.5 秒再左轉 0.5 秒。

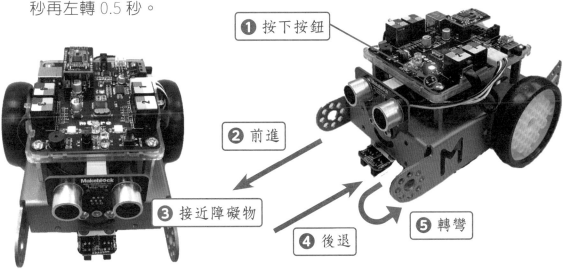

❶ 按下按鈕

❷ 前進

❸ 接近障礙物

❹ 後退

❺ 轉彎

思 中 創

★ mBot 利用 [前進▼, 動力 50 %] 重複前進, 如果要停止前進, 點擊
[停止運動]。

★「超音波感測器距離 <10」建議隨障礙物距離調整、「連接埠 3」依照
mBot 接線調整、「動力 50%」數字愈大速度愈快。

3.6 mBot 播放警示聲與警示燈

當 mBot 接近障礙物時, 蜂鳴器播放警示聲、亮 LED 警示燈、mBot 後退再轉彎。

播放警示聲 ▷ 點亮警示聲 ▷ 後退再轉彎

❶ 點選 聲光, 先播放警示聲再點亮 LED。

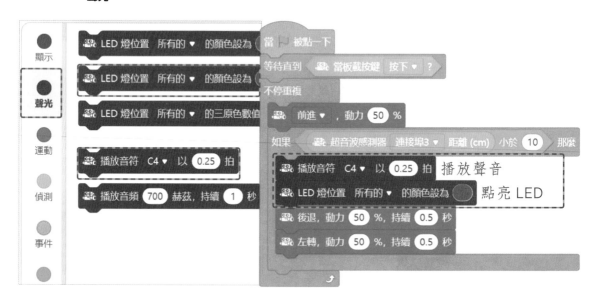

學 中 思　　mBot 接近障礙物, 才播放播放警示聲並亮 LED 警示燈, 因此
警示聲與 LED 程式寫在 [如果 那麼] 內層,「超音波距離 <10」才執行。

② 點選 聲光，關閉 LED。

程式開始先關閉所有 LED

執行完後退與
轉彎之後

再關閉 LED。

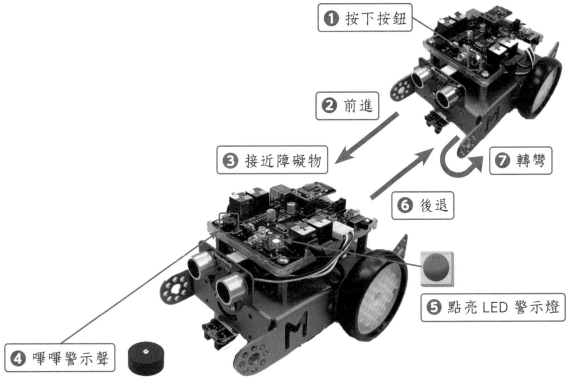

❶ 按下按鈕

❷ 前進

❸ 接近障礙物

❼ 轉彎

❻ 後退

❺ 點亮 LED 警示燈

❹ 嗶嗶警示聲

mBot 未接近障礙物，關閉 LED 警示燈，因此關閉 LED 程式寫在下一行，「超音波距離 <10」亮燈之後關閉，以及「超音波距離沒有 <10」時，關閉 LED。

3.7 ▷ mBot 避障機

mBlock 5 程式設計時，先以即時模式，測試程式是否正確執行。程式設計完成，開啟上傳模式，上傳程式。以後只要開啟 mBot 電源，按下按鈕 mBot 就變身避障機，跟隨在主人身邊，接近障礙物時發出警示聲，點亮警示燈提醒主人後退再轉彎。

即時模式 ▷ 設計程式 測試結果 ▷ 開啟上傳模式 上傳程式 ▷ 打開 mBot 電源 避障機

① 點擊 上傳 即時 【開啟上傳模式】，點選 事件 複製下圖積木，mBot 啟動之後，開始等待，直到按下按鈕開始前進避障。

❸ mBot 啟動時等待，直到按下按鈕。　　　　　　　　　　　❷ 上傳模式無法執行

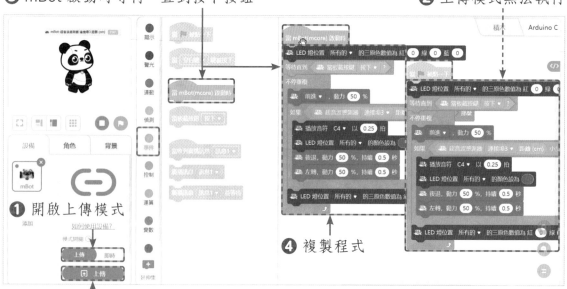

❹ 複製程式

❶ 開啟上傳模式

❺ 上傳到 mBot，以後開啟電源，按下按鈕就能執行。

課 後 練 習

一、單選題

( ) 1. 如果想讓 mBot 能夠偵測障礙物，應該使用下列哪一種感測器？

(A) 蜂鳴器 　　　　　　　　　(B) 超音波感測器

(C) 循線感測器 　　　　　　　(D) 光線感測器

( ) 2. 下列關於 mBot 的元件與功能的敘述，何者「錯誤」？

(A) 按下按鈕啟動程式 　　　(B) 開啟或關閉 LED

(C) 超音波感測器偵測黑與白 　　(D) 蜂鳴器播放音效。

( ) 3. 如果想設計讓 mBot「偵測前方障礙物的距離」，應該使用下列哪一個積木？

(A) 超音波感測器　連接埠3 ▾　距離

(B) 光線感測器　板載 ▾　光線強度

(C) 循線感測器　連接埠2 ▾　數值

(D) 當收到紅外線訊息

( ) 4. 關於下圖積木的敘述，何者「正確」？

(A) 超音波距離大於 10，播放音符

(B) 重複播放音符直到超音波距離小於 10 才停止

(C) 如果超音波距離小於 10，那麼播放音符，否則停止全部程式執行

(D) 超音波距離小於 10，播放音符

( ) 5. 如果想設計讓 mBot 重複偵測與障礙物之間的距離，應該使用下列哪一組積木？

(A)

(B)

(C)

(D) 以上皆是

二、實作題

1. 請以 [LED 燈位置 全部 的顏色設為 ◯ 持續 1 秒] 積木，設計 LED 警示燈顏色，檢查程式執行結果與 [LED 燈位置 所有的 的三原色數值為 紅 0 綠 0 藍 0] 沒有秒數的積木有何差異？

2. 請改寫 LED 程式，當 mBot 前進時亮綠色 LED，接近障礙物時亮紅色 LED。

04 mBot 智能送餐機

mBot 智能小尖兵現在要變身為智能送餐機,依據送餐地圖循線將餐點送達目的地。

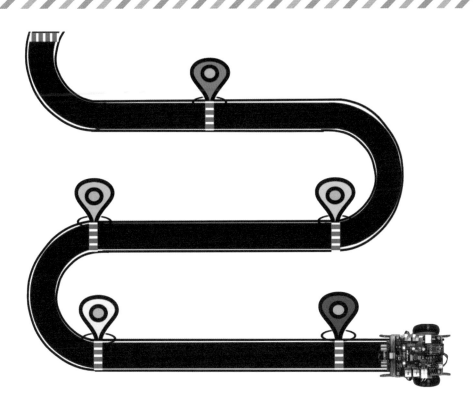

1　理解 mBot 的循線感測器與 mBlock 積木。

2　應用循線感測器設計 mBot 循黑線前進。

3　應用循線感測器設計 mBot 循白線前進。

4　應用 LED 設計 mBot 轉彎時亮燈。

5　應用循線感測器設計 mBot 智能送餐機。

學習重點

4.1 mBot 智能送餐機元件規劃

本章將設計智能送餐機,當按下 mBot 的「按鈕」時,mBot 循著黑線前進,當抵達送餐地點前的柵欄時停止,開始送餐,再繼續下一個送餐地點。
mBot 智能送餐機在送餐流程中使用的元件與功能如下圖所示。

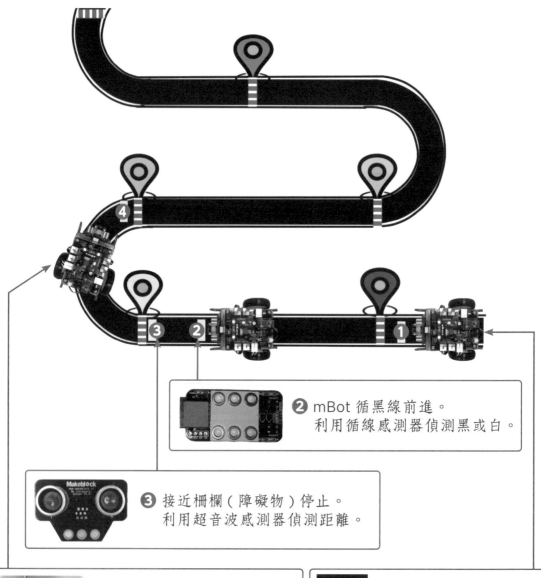

❷ mBot 循黑線前進。
　利用循線感測器偵測黑或白。

❸ 接近柵欄(障礙物)停止。
　利用超音波感測器偵測距離。

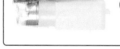
❹ 繼續下一個送餐地點。
　利用馬達讓 mBot 前進。

❶ 按下按鈕開始執行。
　利用按鈕啟動程式。

一、mBot 智能送餐機循黑線前進執行流程與關鍵積木

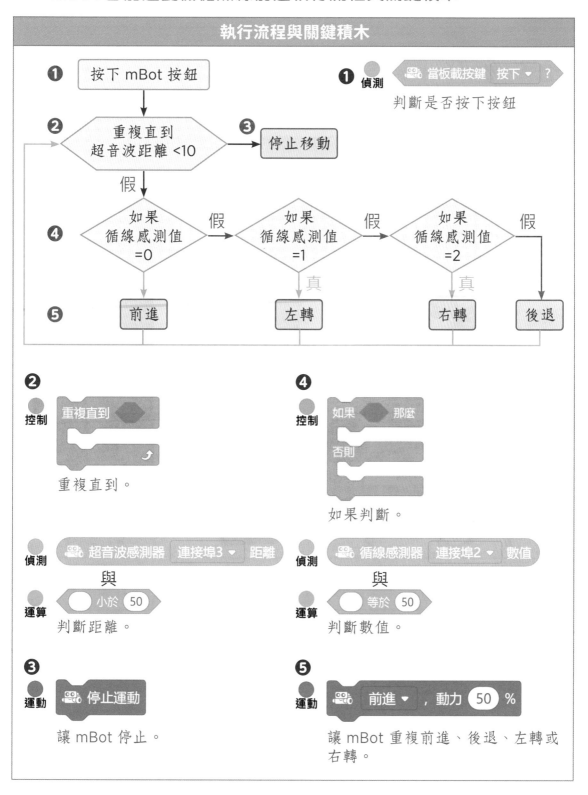

執行流程與關鍵積木

❶ 按下 mBot 按鈕

❷ 重複直到 超音波距離 <10

❸ 停止移動

假

❹ 如果 循線感測值 =0 → 假 → 如果 循線感測值 =1 → 假 → 如果 循線感測值 =2 → 假

❺ 前進　　左轉　　右轉　　後退

真　　真

❶ 偵測　當板載按鍵 按下▾ ?
判斷是否按下按鈕

❷ 控制　重複直到 ◆
重複直到。

偵測　超音波感測器 連接埠3▾ 距離
與
運算　◯ 小於 50
判斷距離。

❸ 運動　停止運動
讓 mBot 停止。

❹ 控制　如果 ◆ 那麼　否則
如果判斷。

偵測　循線感測器 連接埠2▾ 數值
與
運算　◯ 等於 50
判斷數值。

❺ 運動　前進▾ ，動力 50 %
讓 mBot 重複前進、後退、左轉或右轉。

4.2 循線感測器

一、循線感測器

循線感測器上有兩組感測器，每個感測器上包含一個紅外線發射 LED 燈和一個紅外線感應光感電晶體。mBot 利用感測器的訊號在白底背景循著黑色的線前進或在黑底背景循著白色的線前進，感測器偵測到黑色時傳回 0，偵測到白色時傳回 1。循線感測器的連接方式如下圖：

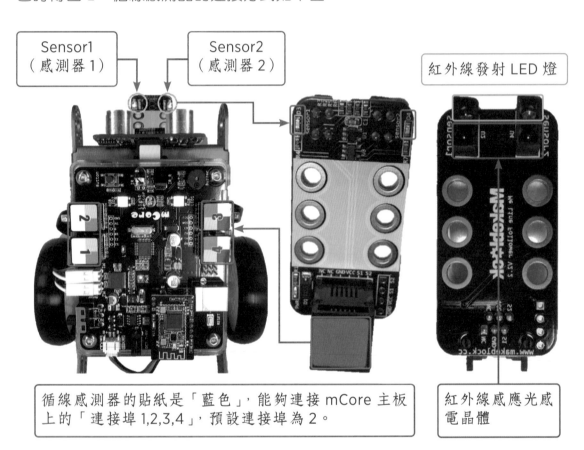

Sensor1
（感測器 1）

Sensor2
（感測器 2）

紅外線發射 LED 燈

循線感測器的貼紙是「藍色」，能夠連接 mCore 主板上的「連接埠 1,2,3,4」，預設連接埠為 2。

紅外線感應光感電晶體

學中思　利用手機或紅外線遙控器遙控 mBot 時，原廠程式預設循線感測器與 mCore 主板的連接埠是 2。

二、循線感測器 mBlock 積木

1 傳回循線感測器數值

循線感測器積木主要功能在傳回感測器偵測的數值或判斷循線感測器偵測到的黑或白。

功能	積木	說明
傳回循線感測器偵測值	循線感測器 連接埠2 ▼ 數值 連接埠1 ✓ 連接埠2 連接埠3 連接埠4	傳回連接埠 1~4 中，循線感測器偵測的數值，連接埠預設值為 2。

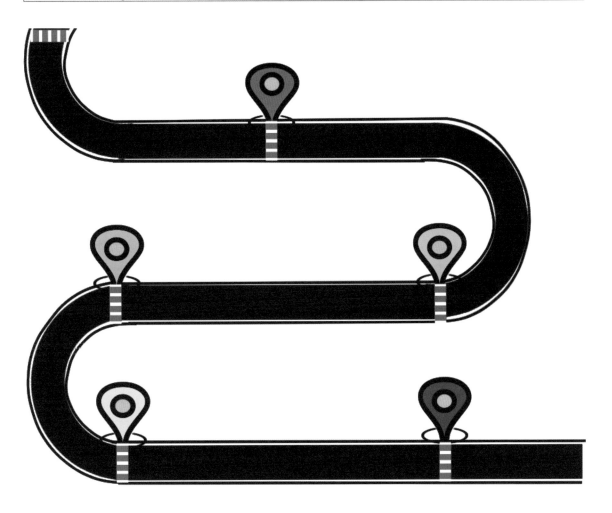

循線感測器偵測的數值包括：0,1,2,3，分別代表的訊息如下。

偵測值	數值 = 0	數值 = 1
亮燈	感測器 1，2：皆不亮燈	感測器 2 亮燈
圖例		
位置	在黑色線上	右偏右邊在白色
動作	前進	左轉
偵測值	數值 = 2	數值 = 3
亮燈	感測器 1 亮燈	感測器 1，2：皆亮燈
圖例		
位置	左偏左邊在白色	完全偏離全部在白色
動作	右轉	後退

做·中·學 ❶ 循線感測器偵測黑白數值

1. 將連線方式設為 上傳 即時 ，檢查循線感測器與
   mBot 的連接埠，並勾選連接埠。

   ☐ 連接埠 1　　☐ 連接埠 2
   ☐ 連接埠 3　　☐ 連接埠 4

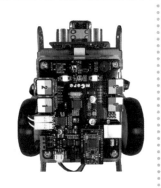

2. 按 偵測 ， ☑ 勾選「循線感測器連接埠 2 數值」。
   在舞台顯示循線感測器即時的偵測數值。

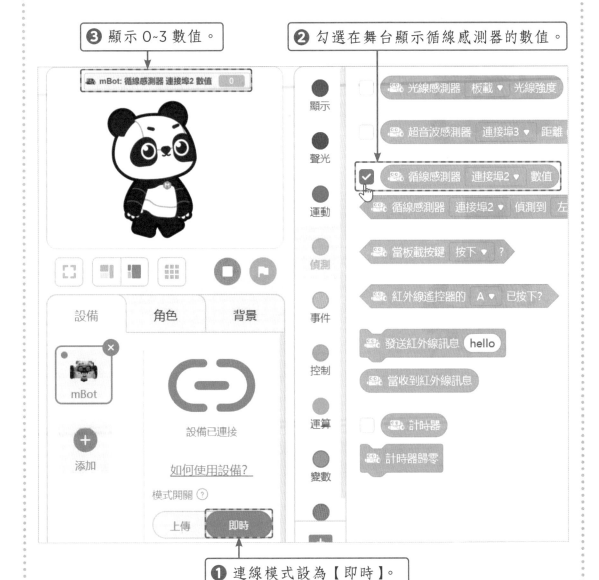

3. 將 mBot 依照下列 1~4 圖示，分別放在 61 頁的黑線或白線上。

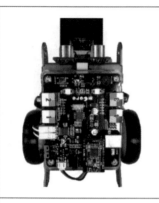	(1) 將 mBot 放在黑線上，讓「Sensor 1」與「Sensor 2」皆不亮燈，舞台顯示的偵測數值為：＿＿＿＿＿。
	(2) 讓 mBot 右偏，將右邊放在白線上，讓「Sensor 2」亮燈，舞台顯示的偵測數值為：＿＿＿＿＿。
	(3) 讓 mBot 左偏，將左邊放在白線上，讓「Sensor 1」亮燈，舞台顯示的偵測數值為：＿＿＿＿＿。
	(4) 將 mBot 放在白線上，讓「Sensor 1」與「Sensor 2」皆亮燈，舞台顯示的偵測數值為：＿＿＿＿＿。

2 循線感測器判斷黑或白

功能	積木說明
判斷 黑或白	判斷連接埠 1~4 中，循線感測器右邊（左邊、全部或沒有）偵測值為黑色（或白色）。傳回值包括： **true（真）**：右邊（左邊、全部或沒有）偵測值為黑色（或白色）。 **false（假）**：右邊（左邊、全部或沒有）偵測值不是黑色（或白色）。

 做·中·學   ❷ 循線感測器判斷黑白數值

將 mBot 依照下列 1~4 圖示，分別放在黑線或白線上。

(1) 將 mBot 放在黑線上，讓「Sensor 1」與「Sensor 2」皆不亮，拖曳下圖積木，點擊積木，檢查循線感測器的執行結果為：_____。

循線感應器 連接埠2 ▼ 檢測到 全部 ▼ 為 黑 ▼ ?

循線感應器 連接埠2 ▼ 檢測到 沒有 ▼ 為 白 ▼ ?

(2) 讓 mBot 右偏，將右邊放在白線上，讓「Sensor 2」亮燈，拖曳下圖積木，點擊積木，檢查循線感測器的執行結果為：_____。

循線感應器 連接埠2 ▼ 檢測到 右邊 ▼ 為 白 ▼ ?

循線感應器 連接埠2 ▼ 檢測到 左邊 ▼ 為 黑 ▼ ?

(3) 讓 mBot 左偏，將左邊放在白線上，讓「Sensor 1」亮燈，拖曳下圖積木，點擊積木，檢查循線感測器的執行結果為：_____。

循線感應器 連接埠2 ▼ 檢測到 右邊 ▼ 為 黑 ▼ ?

循線感應器 連接埠2 ▼ 檢測到 左邊 ▼ 為 白 ▼ ?

(4) 將 mBot 放在白線上，讓「Sensor 1」與「Sensor 2」皆亮燈，拖曳下圖積木，點擊積木，檢查循線感測器的執行結果為：_____。

循線感應器 連接埠2 ▼ 檢測到 全部 ▼ 為 白 ▼ ?

循線感應器 連接埠2 ▼ 檢測到 沒有 ▼ 為 黑 ▼ ?

4.3 馬達動力與 mBot 運動

mBot 利用馬達 M1（左輪動力）與 M2（右轉動力），控制 mBot 前進、後退、左轉與右轉。控制 mBot 運動的方向積木與 mBot 馬達的位置如下：

前進	● 運動　左輪動力 50 %, 右輪動力 50 %	左輪動力 = 右轉動力，動力為正數。 動力值從 0%~100%
後退	● 運動　左輪動力 -50 %, 右輪動力 -50 %	左輪動力 = 右轉動力，動力為負數。 動力值從 -100%~0%
左轉	● 運動　左輪動力 -50 %, 右輪動力 100 %	左輪動力 < 右轉動力。
右轉	● 運動　左輪動力 100 %, 右輪動力 -50 %	左輪動力 > 右轉動力。
停止	● 運動　左輪動力 0 %, 右輪動力 0 %	左輪動力 = 右轉動力 = 0。

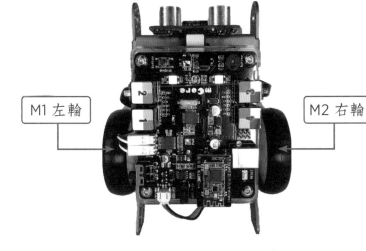

M1 左輪　　　　M2 右輪

小提示

如果機器人前進與後退與積木相反，就是 M1 與 M2 馬達的連接埠相反，將兩者對調即可正常前進與後退。

做·中·學 ❸ mBot 運動

請輸入下表左輪動力與右輪動力的數值，依照下列步驟操作，勾選 mBot 的運動方向。

❸ 前進。

左輪動力	右輪動力	mBot 運動方向				
-75	-75	☐ 前進	☐ 後退	☐ 左轉	☐ 右轉	☐ 停止
-50	50	☐ 前進	☐ 後退	☐ 左轉	☐ 右轉	☐ 停止
50	-50	☐ 前進	☐ 後退	☐ 左轉	☐ 右轉	☐ 停止
0	0	☐ 前進	☐ 後退	☐ 左轉	☐ 右轉	☐ 停止

4.4 mBot 循黑線前進

一、循線感測器偵測黑線與 mBot 運動

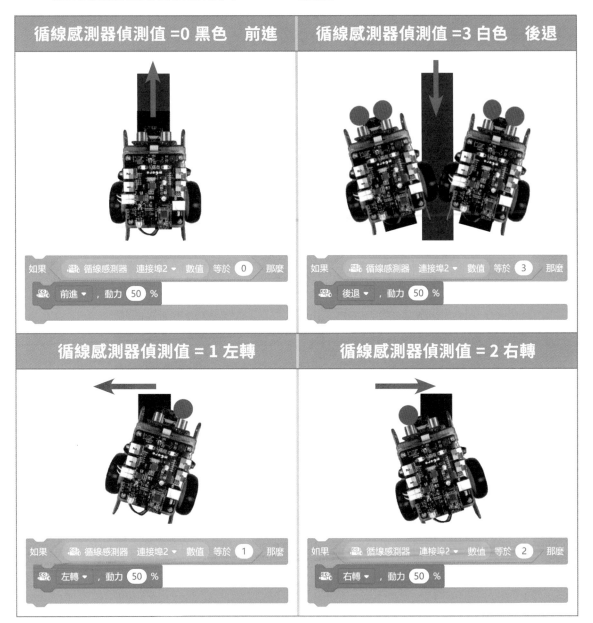

二、如果 - 那麼 - 否則判斷黑線、轉彎或白線

在 ，利用「如果 - 那麼 - 否則」多重選擇結構，控制程式的執行流程。

mBot 循黑前進過程中必定會遇到四種狀況（黑線、右偏、左偏或白線）其中一種，利用巢狀「如果 - 那麼 - 否則」決定 mBot 執行的動作（前進、左轉、右轉或後退）。判斷方式如下：

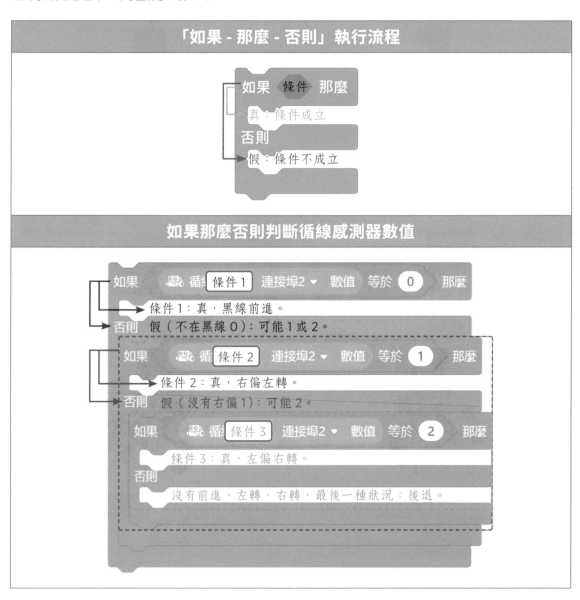

4.5 mBot 智能送餐機連線循黑線前進

當按下 mBot 的「按鈕」時，mBot 循著黑線前進，當抵達送餐地點前的柵欄時停止，再繼續下一個送餐地點。

| 按下按鈕 開始前進 | 循著黑線 前進 | 接近柵欄 停止 |

① 點選 📁檔案，【檔案 > 新建專案】，在「設備」按 ➕添加，新增 📦mBot 【mBot】，點選【連接 > COM 值 > 連接】，將連線模式設定為【即時】。

② 點選 ●事件、●控制、●偵測、●運算 與 ●運動，拖曳下圖積木，當按下按鈕時，mBot 在接近柵欄障礙物時停止。

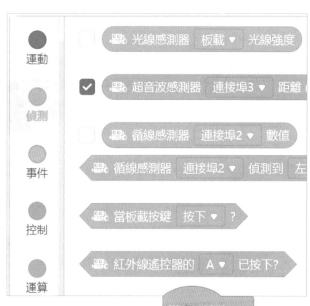

運動
偵測
事件
控制
運算

光線感測器　板載▼　光線強度
☑ 超音波感測器　連接埠3▼　距離
循線感測器　連接埠2▼　數值
循線感測器　連接埠2▼　偵測到　左
當板載按鍵　按下▼　?
紅外線遙控器的　A▼　已按下?

當 🚩 被點一下
等待直到　當板載按鍵　按下▼　?　按下按鈕開始。
重複直到　超音波感測器　連接埠3▼　距離 (cm)　小於　10
當超音波距離沒有小於 10，開始循黑線前進。
停止移動　當超音波距離小於 10，接近柵欄時，停止。

❸ 按 控制 ，拖曳三個「如果 - 那麼 - 否則」判斷循黑線的狀態。

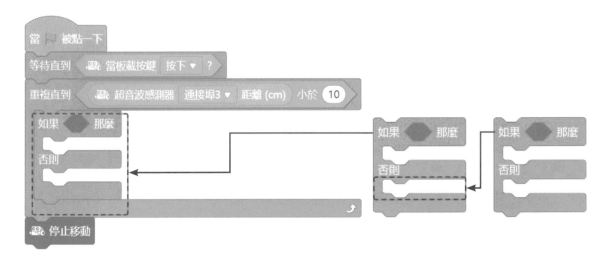

❹ 點選 運算 、 偵測 與 運動 ，拖曳下圖積木，讓 mBot 循著黑線前進。

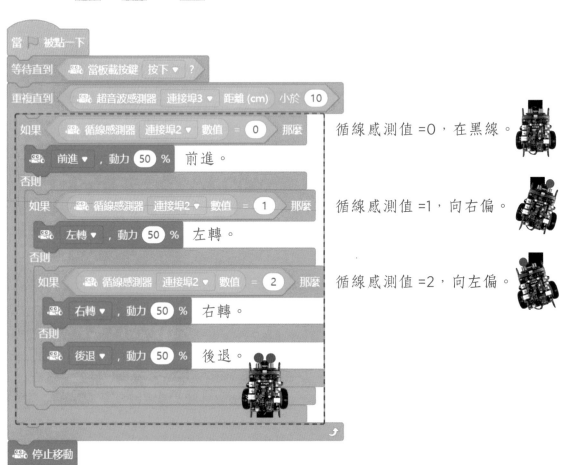

循線感測值 =0，在黑線。

循線感測值 =1，向右偏。

循線感測值 =2，向左偏。

⑤ 將 mBot 放在循線地圖黑線上，點擊 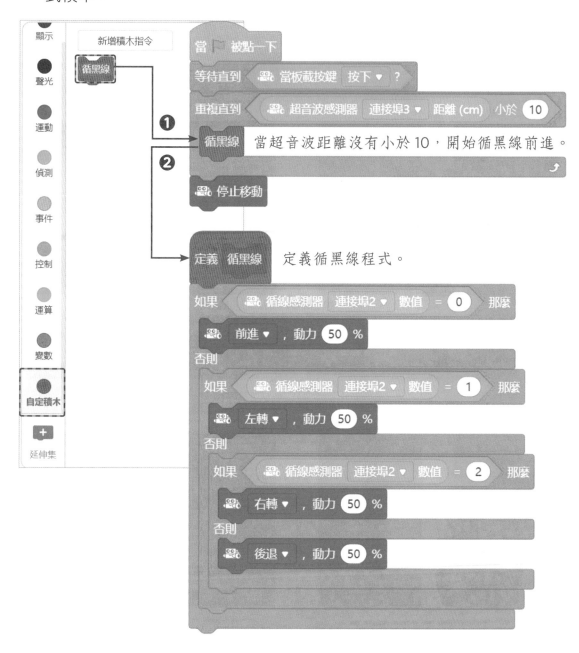，檢查 mBot 是否循著黑線前進。

⑥ 按 **自訂積木**，點選【新增積木指令】，輸入【循黑線 > 確認】，定義循黑線程式積木。

4.6 mBot 循白線前進

一、循線感測器偵測白線與 mBot 運動

mBot 偵測白線參數值如下：

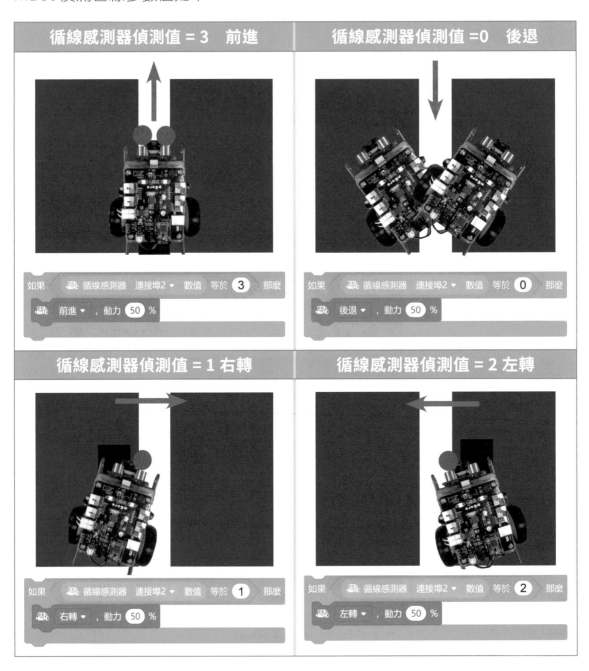

二、mBot 連線循白線前進

利用自訂積木，結構化定義 mBot 循白線程式。

① 按 **自訂積木** ，點選【新增積木指令】，輸入【循白線 > 確認】。

② 拖曳「循黑線」程式到 ，將循線感測器數值分別改為【3】、
【2】、【1】。

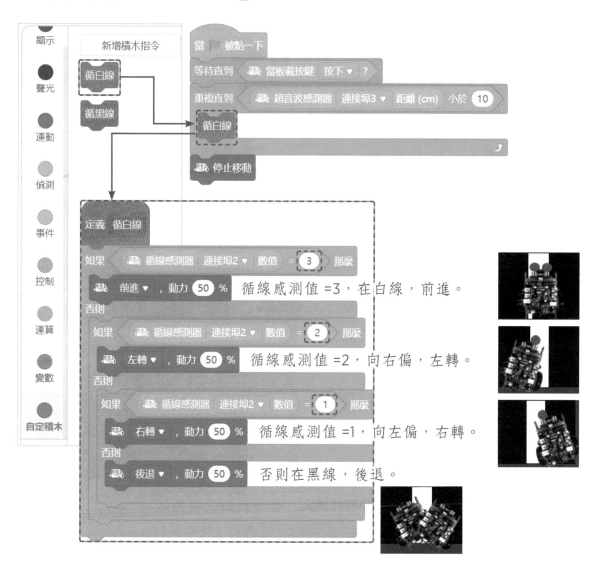

③ 將 mBot 放在循線地圖黑線上方或下方，點擊 ▣ ，檢查 mBot 是否循著
白線前進。

4.7　mBot 智能送餐機

mBot 智能送餐機離線循黑線或白線前進設計流程：

即時模式　▶　設計程式 測試結果　▶　開啟上傳模式 上傳程式　▶　離線執行 智能送餐機

點擊 上傳 即時 【開啟上傳模式】，點選 事件 複製下圖積木，mBot 啟動之後，開始等待，直到按下按鈕開始執行智能送餐服務。如果 mBot 循白線送餐，就用 循白線 ，如果 mBot 循黑線送餐就用 循黑線 。

❸ mBot 啟動時等待，直到按下按鈕。　❹ 複製程式。　❷ 上傳模式無法執行。

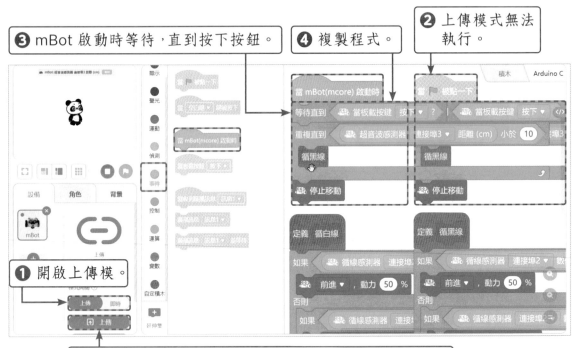

❶ 開啟上傳模。

❺ 上傳到 mBot，以後開啟電源，按下按鈕就能執行。

學中思　程式上傳到 mBot 之後，原廠的程式會被「mBot 循黑線」程式覆寫。下次重新編輯新的程式時，需要再重新連線並更新韌體，點選【連接 > 更新 > 更新韌體 > 線上更新韌體】，恢復原廠預設程式。

一、單選題

( ) 1. 如果想讓 mBot 能夠偵測黑或白，應該使用下列哪一種感測器？

(A) 蜂鳴器 　　　　　　　　　(B) 超音波感測器

(C) 循線感測器 　　　　　　　(D) 光線感測器

( ) 2. 下列哪一個感測器能夠偵測黑或白？

(A)  　　(B)  　　(C)  　　(D)

( ) 3. 右圖，如果將 mBot 放在黑線上，讓「Sensor 1」與 「Sensor 2」皆不亮燈，偵測數值為何？

(A) 0 　　　　　　　　　　　(B) 1

(C) 2 　　　　　　　　　　　(D) 3

( ) 4. 將 mBot 放黑線上，下圖積木如果傳回的值為 true（真），mBot 應 該是哪一種選項的位置？

 循線感應器　連接埠2 ▼　檢測到　右邊 ▼　為　黑 ▼　？

(A) 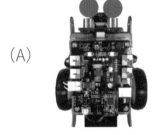 　　　　　　　　(B)

(C)  　　　　　　　　(D) 以上皆可

（　）5. 如果想設計 mBot 左轉，應該使用下列哪一個積木？

(A) 左輪動力 ⟨0⟩ %, 右輪動力 ⟨0⟩ %

(B) 左輪動力 ⟨-50⟩ %, 右輪動力 ⟨-50⟩ %

(C) 左輪動力 ⟨100⟩ %, 右輪動力 ⟨-50⟩ %

(D) 左輪動力 ⟨-50⟩ %, 右輪動力 ⟨100⟩ %

二、實作題

1. 請以 ⟨LED 燈位置 所有的 ▼ 的三原色數值為 紅 ⟨255⟩ 綠 ⟨0⟩ 藍 ⟨0⟩⟩ 設計 mBot 左轉時點亮左側 LED、右轉時點亮右側 LED。

2. 請以 ⟨如果 ◇ 那麼⟩ 與 ⟨如果 ◇ 那麼 否則⟩ ，設計倒車雷達音效。當超音波偵測距離小於 50，蜂鳴器播放音效一 0.25 拍，當超音波偵測距離小於 10，蜂鳴器播放音效二 0.125 拍。

05 mBot AI 智能辨識

mBot 現在要變身為人工智慧小尖兵,辨識人們語音說話的內容、人們的人臉年齡、人臉情緒、中文印刷文字與英文手寫文字,再依據辨識的結果進行聲光表演與運動。

角色 (認知服務)			設備
麥克風 ➡	語音辨識 ➡	傳回結果 廣播➡	mBot 動作
說:「前進」	識別視窗 Communications - Microphone Array	🌐 語音識別結果 前進 前進	前進

1 理解人工智慧 AI 的概念。

2 應用人工智慧辨識語音,設計 mBot 互動。

3 應用人工智慧辨識年齡或情緒,設計 mBot 互動。

4 應用人工智慧辨識文字,設計 mBot 互動。

學習重點

5.1　人工智慧（AI）

人工智慧（Artificial Intelligence，AI）是指設計程式讓電腦具有類似人類的智慧。例如：（1）AlphaGo 人工智慧讓電腦能夠下圍棋；（2）使用手機麥克風說話時，能夠顯示說話語音的文字；（3）無人駕駛電動車能夠判斷路況等，這些都是人工智慧的應用範例。

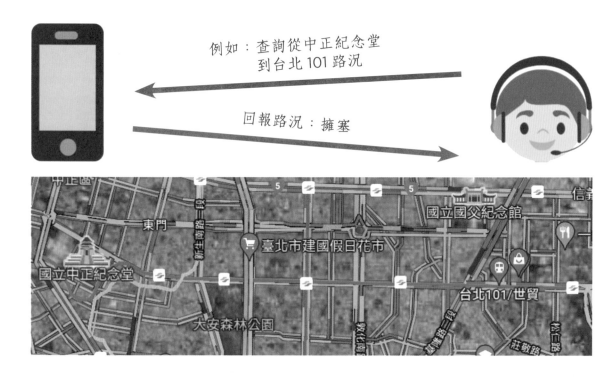

5.2　mBot AI 智能辨識元件規劃

本章將設計 mBot AI 智能辨識。讓 mBot 應用人工智慧辨識語音、人臉年齡、人臉情緒、中文印刷文字與英文手寫文字，再依據辨識的結果進行聲光表演與運動。

mBot AI 智能辨識使用的元件與功能如下圖所示。

AI 智能辨識與元件	mBot
 1. 說：「前進」。 利用麥克風說話。	 1. mBot 前進。
 2. 人臉年齡辨識。 利用視訊攝影機辨識。	 2. mBot 閃爍 LED 或播放音符。
 3. 人臉情緒辨識。 利用視訊攝影機辨識。	 3. mBot 閃爍 LED 再播放音符。
 4. 中文或英文字辨識。 利用視訊攝影機辨識。	 4. mBot 後退或轉彎。

> ## 5.3 mBot AI 智能語音辨識

當按下鍵盤按鍵 1，以麥克風說：「前進」語音，如果語音辨識結果包含「前進」，mBot 前進。

一、語音辨識

人工智慧 AI 中語音辨識的功能，就是輸入各國「語音」讓 mBlock 5 的認知服務辨識語音的內容。語音辨識的執行流程與關鍵積木如下：

二、語音辨識積木

mBlock 版本 V5.4 能夠辨識繁體中文、英文、法文、德文、義大利文與西班牙文等 20 國語音。

說明	積木	功能
語音識別	☁ 開始 中文(繁體)▼ 語音識別，持續 2▼ 秒	在 2~10 秒內，識別中文繁體、英文或法文等 20 國語音。
傳回語音識別結果	☁ 語音識別結果	傳回中文繁體、英文或法文等 20 國語音識別結果。

三、mBot AI 智能語音辨識

在「設備」方面，mBot 與 mBlock 5 在連線狀態下才能執行語音辨識的結果，所以將連線設定為「即時模式」。在「角色」方面新增人工智慧的「認知服務」積木，並登入使用者帳戶。

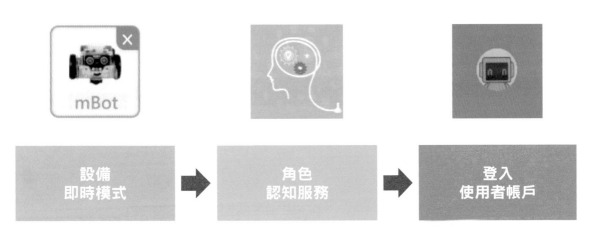

設備
即時模式 ➡ 角色
認知服務 ➡ 登入
使用者帳戶

四、新增認知服務積木並登入使用者帳戶

① 點選 檔案,【檔案 > 新建專案】,在「設備」按 添加 ,新增 【mBot】, 點選【連接 > COM 值 > 連接】,將連線模式設定為【即時】。

② 在「角色」新增認知服務積木。

③ 點按 建立使用者帳戶。

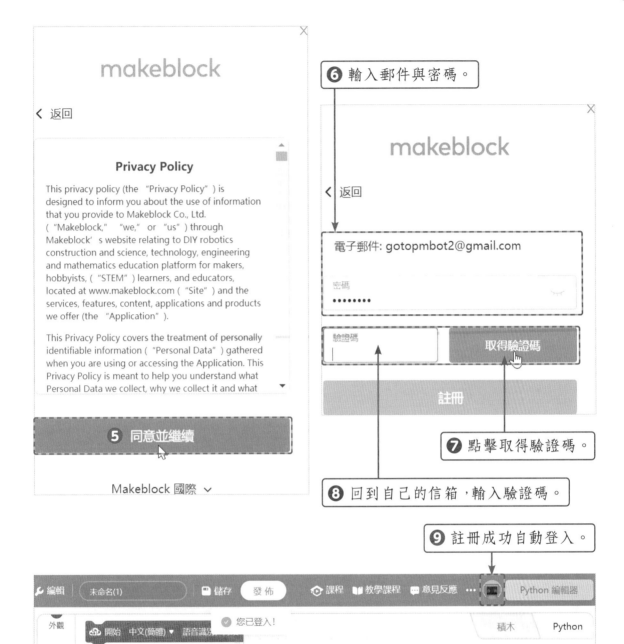

五、mBot AI 智能語音辨識

① 點選 **事件** 、 **外觀** 與 **認知服務** ，當按下鍵盤按鍵 1，以麥克風說：「前進」，並顯示語音辨識結果。

② 點選 **控制** 、 **運算** 與 **認知服務** ，判斷語音辨識結果是否包含【前進】。

❸ 按 控制 與 外觀，語音辨識結果包含「前進」時，廣播 mBot 前進；否則
【請重新輸入】，重新辨識語音。

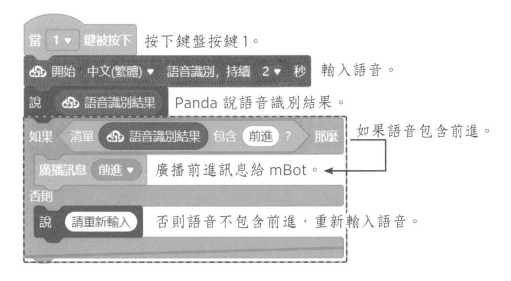

當 `1▼` 鍵被按下	按下鍵盤按鍵1。
開始 中文(繁體)▼ 語音識別, 持續 `2▼` 秒	輸入語音。
說 語音識別結果	Panda 說語音識別結果。
如果 清單 語音識別結果 包含 前進 ？ 那麼	如果語音包含前進。
廣播訊息 前進▼	廣播前進訊息給 mBot。
否則	
說 請重新輸入	否則語音不包含前進，重新輸入語音。

❹ 開啟電腦麥克風，按下鍵盤 1，說「前進」，檢查 Panda 是否說出「前
進」的語音辨識結果。

❶ 按鍵盤1。

❸ Panda 說結果「前進」。

❷ 對著麥克風說「前進」。

六、mBot 執行語音辨識動作

mBot 收到語音辨識結果「前進」的廣播訊息，前進 1 秒後停止。

❶ 點選【設備】，連線模式設定為【即時】。點選 事件 與 運動，mBot 收到前進廣播訊息時，前進 1 秒。

❷ 開啟電腦麥克風，按下鍵盤 1，說「前進」，檢查 mBot 前進 1 秒後停止。

mBot 前進

5.4 mBot AI 智能人臉年齡辨識

當按下鍵盤按鍵 2，以視訊攝影機辨識人臉年齡。

一、人臉年齡辨識

人工智慧 AI 中，人臉年齡辨識的功能，在視訊鏡頭前讓 mBlock 5 的認知服務辨識人臉的年齡。人臉年齡辨識的執行流程如下：

角色（認知服務）			設備
視訊鏡頭	人臉年齡辨識	傳回結果　廣播	mBot 動作
視訊攝影機	識別視窗　∨ ✕　Communications - Microphone Array ▾	年齡識別結果　18　18	閃爍 LED 或播放音符

二、人臉年齡辨識積木

說明	積木	功能
人臉年齡識別	在 1 ▾ 秒後辨識人臉年齡	在 1~3 秒內，識別人臉年齡。
傳回年齡識別結果	年齡識別結果	傳回人臉年齡識別結果。

三、mBot AI 智能人臉年齡辨識

如果人臉年齡識別結果小於 20，廣播「年青」，否則廣播「長青」。mBot 如果收到「年青」的廣播訊息，閃爍 LED 10 次、如果收到「長青」的廣播訊息，播放音符。

❶ 點選「角色」，按 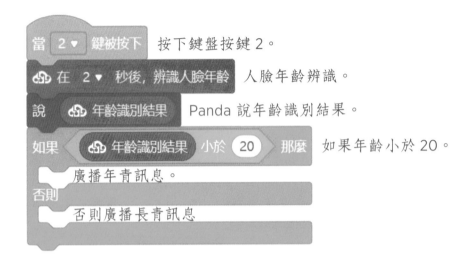 事件、認知服務、外觀、控制 與 運算，判斷年齡是否小於 20，分別廣播不同訊息。

按下鍵盤按鍵 2。

人臉年齡辨識。

Panda 說年齡識別結果。

如果年齡小於 20。

廣播年青訊息。

否則廣播長青訊息

❷ 按 事件，點選廣播訊息「年青」與「長青」給 mBot。

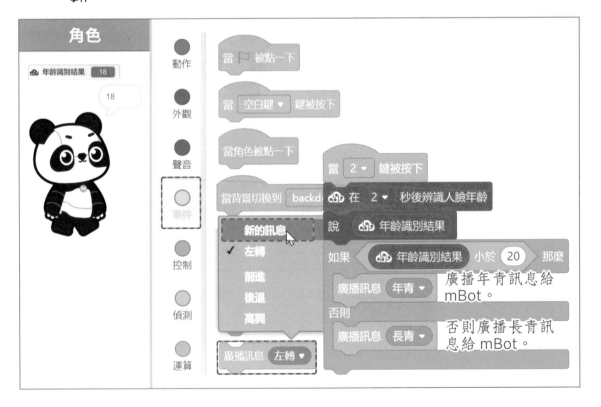

廣播年青訊息給 mBot。

否則廣播長青訊息給 mBot。

❸ 點選「設備」，按 ⚫️ 事件、⚫️ 控制 與 ⚫️ 聲光，當 mBot 接收到「年青」或「長青」廣播訊息，分別執行動作。

❹ 開啟電腦視訊攝影機，按下鍵盤 2，掃描人臉年齡，檢查 Panda 是否說出「年齡」，同時 mBot 依據年齡分別執行互動。

5.5 mBot AI 智能人臉情緒辨識

當按下鍵盤按鍵 3，以視訊攝影機辨識人臉情緒。

一、人臉情緒辨識

人工智慧 AI 中，人臉緒辨識的功能，在視訊鏡頭前讓 mBlock 5 的認知服務辨識人臉的情緒，情緒的種類包括：快樂、平靜、驚訝、傷心等七種，每種指數範圍從 0~100。人臉情緒辨識的執行流程如下：

二、人臉情緒辨識積木

說明	積木	功能
人臉情緒辨識	☁ 在 1 ▼ 秒後辨識人臉情緒	在 1~3 秒內，辨識人臉情緒。
傳回情緒識別指數	☁ 高興 ▼ 的指數	傳回高興、平靜、驚訝等情緒識別的指數。
判斷情緒辨識結果	☁ 情緒為 高興 ▼	判斷情緒是否為高興、平靜或驚訝等。

三、mBot AI 智能人臉情緒辨識

如果人臉情緒識別結果大於 30，廣播「高興」。mBot 如果收到「高興」的廣播訊息，閃爍 LED 10 次再播放音符。

① 點選「角色」，按 事件 、 認知服務 、 外觀 、 控制 與 運算 ，辨識人臉情緒，廣播情緒辨識結果給 mBot。

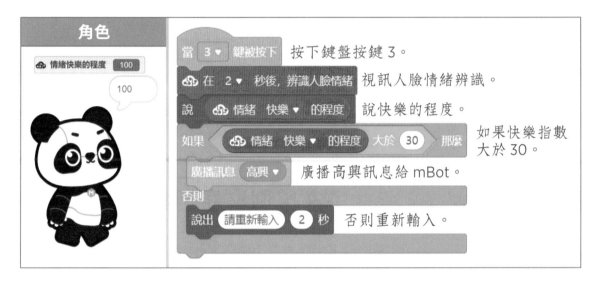

② 點選「設備」， 事件 、 控制 、 運算 與 聲光 ，當 mBot 接收到「高興」廣播訊息，閃爍 LED 10 次再播放音符。

③ 開啟電腦視訊攝影機，按下鍵盤 3，掃描人臉情緒，檢查 Panda 是否說出「快樂指數」，如果快樂指數大於 30，mBot 閃爍 LED 10 次再播放音符。

❷ 說快樂指數。

❶ 人臉情緒辨識。

❸ 閃爍 LED 再播放音符。

5.6 mBot AI 智能中文印刷文字辨識

當按下鍵盤按鍵 4，以視訊攝影機辨識中文印刷文字。

一、中文印刷文字辨識

人工智慧 AI 中，中文印刷文字辨識的功能能夠辨識繁體中文、英文、法文、德文、義大利文與西班牙文等 20 國語言的文字。中文印刷文字辨識的執行流程如下圖所示。

二、中文印刷文字辨識積木

說明	積木	功能
印刷文字識別	☁ 在 2 ▼ 秒後辨識 中文(繁體) ▼ 印刷文字	在 2~10 內,辨識繁體中文、英文、法文等 20 國語言印刷文字。
傳回文字辨識結果	☁ 文字辨識結果	傳回印刷文字或手寫文字辨識結果。

三、mBot AI 智能中文印刷文字辨識

如果中文印刷文字辨識結果為「後退」,廣播「後退」。mBot 如果收到「後退」的廣播訊息,後退 1 秒後停止。

❶ 點選「角色」,按 事件、認知服務、外觀、控制 與 運算,廣播中文印刷文字辨識結果給 mBot。

❷ 點選「設備」，按 與 事件 與 運動，當 mBot 接收到「後退」廣播訊息，mBot 後退 1 秒後停止。

❸ 開啟電腦視訊攝影機，按下鍵盤 4，掃描中文印刷文字，檢查 Panda 是否說出「中文印刷文字結果」，如果包含「後退」，mBot 後退 1 秒後停止。

mBot AI 智能英文手寫文字辨識

當按下鍵盤按鍵 5，以視訊攝影機辨識英文手寫文字。

一、英文手寫文字辨識積木

說明	積木	功能
英文手寫文字識別	在 2 ▼ 秒後辨識英文手寫文字	在 2~10 內，辨識手寫英文文字。
傳回文字辨識結果	文字辨識結果	傳回印刷文字或手寫文字辨識結果。

二、mBot AI 智能英文手寫文字辨識

如果英文手寫文字辨識結果為「turn left」（左轉），廣播「左轉」。mBot 如果收到「左轉」的廣播訊息，左轉 1 秒後停止。

① 點選「角色」，按 事件 、 認知服務 、 外觀 、 控制 與 運算 ，廣播英文手寫文字辨識結果給 mBot。

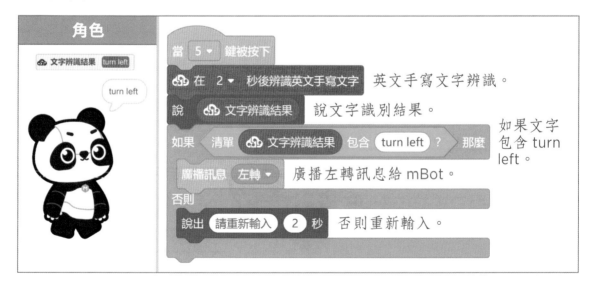

角色	
文字辨識結果 turn left	當 5 ▼ 鍵被按下
turn left	在 2 ▼ 秒後辨識英文手寫文字　英文手寫文字辨識。
	說 文字辨識結果　說文字識別結果。
	如果 清單 文字辨識結果 包含 turn left ？ 那麼　如果文字包含 turn left。
	廣播訊息 左轉 ▼　廣播左轉訊息給 mBot。
	否則
	說出 請重新輸入 2 秒　否則重新輸入。

❷ 點選「設備」，按 事件 與 運動，當 mBot 接收到「左轉」廣播訊息，mBot 左轉 1 秒後停止。

❸ 開啟電腦視訊攝影機，按下鍵盤 5，掃描英文手寫文字，檢查 Panda 是否說出「英文手寫文字辨識結果」，如果英文手寫文字辨識結果包含「左轉」，mBot 左轉 1 秒後停止。

❸ 左轉。

思 中 創

發揮您的想像力與創造力，自行設計 mBot 收到廣播訊息的互動。

一、單選題

( ) 1. 如果想讓電腦能夠辨識人類的語音，應該使用下列哪一種功能？

(A) 人工智慧 　　　　　　　　(B) 物聯網

(C) 機器深度學習 　　　　　　(D) 使用者雲訊息

( ) 2. 如果想要讓角色 Panda 說出「語音識別的結果」，應該使用下列哪一個積木傳回識別結果？

(A) 年齡識別結果　　　　　(B) 文字辨識結果

(C) 語音識別結果　　　　　(D) 高興 ▼ 的指數

( ) 3. 如果想設計讓角色 Panda 識別我現在的情緒是高興還是悲傷，應該使用下列哪一個積木？

(A) 在 1 ▼ 秒後辨識人臉年齡

(B) 在 1 ▼ 秒後辨識人臉情緒

(C) 在 2 ▼ 秒後辨識英文手寫文字

(D) 高興 ▼ 的指數

( ) 4. 當角色 Panda 辨識中文文字，將結果傳遞訊息給 mBot 執行動作，屬於下列哪一種主題的應用？

(A) 人工智慧 　　　　　　　　(B) 物聯網

(C) 資料圖表 　　　　　　　　(D) 使用者雲訊息

（　　）5. 下圖積木的敘述，何者「錯誤」？

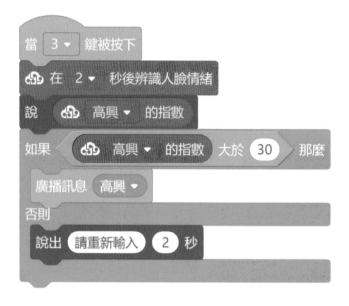

（A）按下鍵盤按鍵 3 開始辨識

（B）辨識人臉情緒屬於人工智慧

（C）當高興指數大於 30 廣播訊息

（D）當辨識錯誤說出「請重新輸入」

二、實作題

1. 請以人工智慧的認知服務檢測「性別」。如果檢測結果是「男生」，mBot 亮藍色 LED，如果檢測結果是「女生」，mBot 亮粉色 LED。

2. 請以人工智慧的認知服務檢測「笑容程度」。當「笑容識別結果」大於 50，設計讓 mBot 唱歌並閃爍 LED。

06 mBot 氣象播報機

mBot 智能小尖兵現在要變身為氣象播報機,重複播報天氣相關即時最新資訊。

1 理解物聯網 IoT 的概念。

2 以 mBot 表情面板顯示資訊。

3 設計 mBot 連接物聯網,搜尋資料。

4 設計 mBot 表情面板播報世界天氣資訊。

學習重點

6.1 物聯網 IoT

一、物聯網 IoT

物聯網（Internet of Thing，IoT）就是結合網際網路、感測器與自動控制等資訊科技技術，利用網際網路將每個獨立的物件設定電子標籤互聯互通。例如智慧家庭中藉由手機連接網路操控家中的電器設備、保全、汽車等就是物聯網的應用。

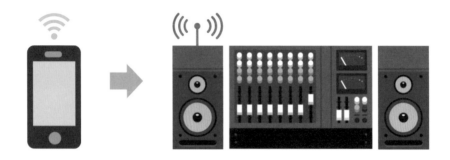

二、mBot 與物聯網

將物聯網概念應用在 mBot，將 mBot 加裝無線模組（WiFi），讓 mBot 能夠連接網際網路，搜尋網路的資訊、或利用手機操控 mBot。

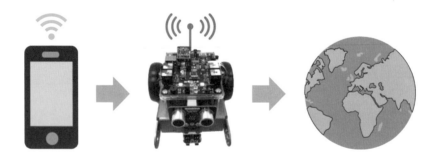

 小提示

mBot 基本組成元件不包含無線模組（WiFi），因此無法連接網路，本章使用角色 Panda 連接網路，再將連線資訊傳送給 mBot。

6.2 mBot 氣象播報機元件規劃

本章將設計 mBot 氣象播報機。以 mBlock 5 連接網路，存取即時天氣資訊，讓 mBot 的表情面板重複播報即時最新天氣資訊。mBot 氣象播報機使用的元件與功能如下圖所示。

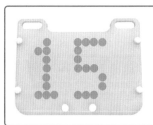

mBot 播報台北最高、最低溫度與空氣品質。

利用表情面板，以跑馬燈顯示數字。

一、mBot 氣象播報機執行流程

mBot 氣象播報機利用物聯網的方式，將「角色」的天氣資訊，利用「變數」傳遞給 mBot，mBot 再以表情面板顯示天氣資訊，mBot 氣象播報機執行流程與關鍵積木如下：

角色（天氣資訊）	設備 (mBot 表情面板)
❶ 	❷ 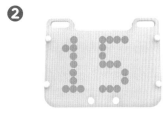
Panda 說：「台北最高溫度 15」、「台北最低溫度 10」與「台北的空氣品質 34」。	mBot 表情面板重複顯示「台北最高溫度 15」的跑馬燈、「台北最低溫度 10」的跑馬燈與「台北空氣品質 34」的跑馬燈。

關鍵積木	
天氣資訊 ⬡ 城市 最高溫度 (°C)	顯示 表情面板 連接埠1▾ 顯示文字 hello 位置 x: 0 y: 0
傳回網路天氣資訊。	表情面板顯示文字。
外觀  說出 你好! 2 秒	變數 x
說出天氣資訊。	控制跑馬燈移動。

6.3 表情面板

一、認識表情面板

mBot 表情面板能夠顯示圖案、文字、數字或時間等資訊，同時表情面板的標籤為「藍色」，可以連接到 mBot 的連接埠 1、2、3、4 如下圖所示。

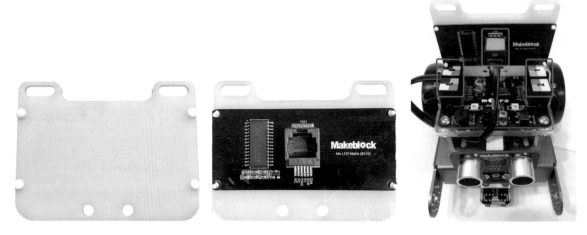

表情面板正面、反面　　　　　　　接線方式

二、表情面板積木

mBot 的表情面板由 8×16 個 LED 陣列組成，每個 LED 以坐標 x,y 表示，x 軸為橫向的 LED，坐標從 0~15；y 軸為縱向的 LED，坐標從 0~7，如下圖所示。

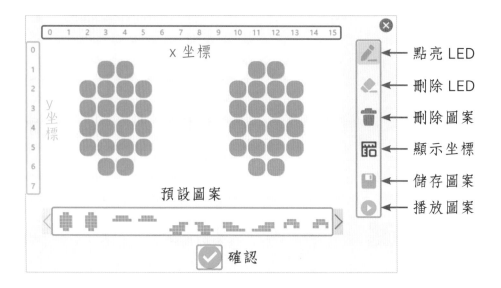

功能	積木與說明
顯示圖案	顯示 表情面板 連接埠1 ▼ 顯示圖案 □□ 持續 1 秒 表情面板顯示圖案 1 秒後關閉。 顯示 表情面板 連接埠1 ▼ 顯示圖案 □□ 表情面板顯示圖案。 顯示 表情面板 連接埠1 ▼ 顯示圖案 □□ 於 x: 0 y: 0 表情面板在坐標 x, y 的位置顯示圖案。
顯示文字	顯示 表情面板 連接埠1 ▼ 顯示文字 hello 表情面板顯示文字 hello。 顯示 表情面板 連接埠1 ▼ 顯示文字 hello 位置 x: 0 y: 0 表情面板從 (0,0) 的位置開始顯示文字 hello。 顯示的文字包括：0~9 數字、大寫或小寫英文字或鍵盤上的符號。
顯示數字	顯示 表情面板 連接埠1 ▼ 顯示數字 2048 表情面板顯示數字。
顯示時間	顯示 表情面板 連接埠1 ▼ 顯示時間 12 : 0 表情面顯示時間。
清除畫面	顯示 表情面板 連接埠1 ▼ 清除畫面 清除表情面板畫面。

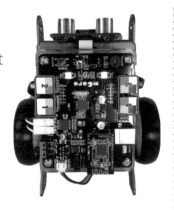

做·中·學 ❶ 表情面板顯示圖案

1. 將連線方式設為 上傳 即時 。

2. 將表情面板連接 mBot，勾選表情面板與 mBot
   的連接埠。

   ☐ 連接埠 1　　☐ 連接埠 2
   ☐ 連接埠 3　　☐ 連接埠 4

3. 點選 顯示 ，拖曳下圖積木並點選【連接埠 X】，點擊 🏳，檢查表情面
   板是否顯示圖案 ，1 秒後關閉。

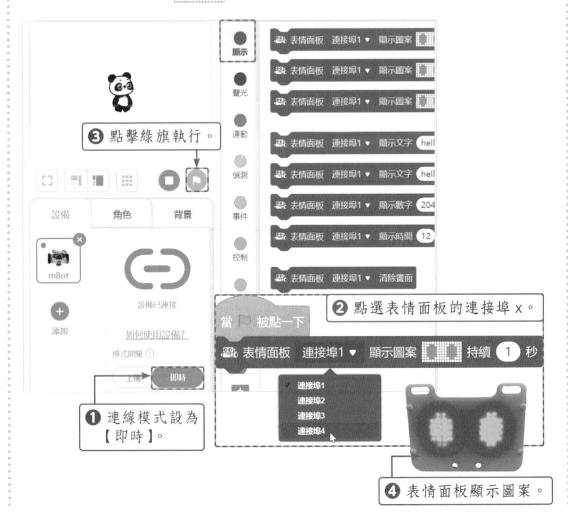

做·中·學 ❷ 表情面板顯示數字

1. 點選 顯示，拖曳下圖積木並點選【連接埠 X】，點擊 ，檢查表情面板顯示的數字為何？

> 當 被點一下
>
> 表情面板 連接埠4 ▼ 顯示數字 2048

表情面板顯示的數字為：_____。

2. 重複步驟 1，拖曳下圖積木並點選【連接埠 X】，輸入數字【12345】，按下空白鍵，檢查表情面板顯示的數字為何？

> 當 空白鍵 ▼ 鍵被按下
>
> 表情面板 連接埠4 ▼ 顯示數字 12345

表情面板顯示的數字為：_____。

學·中·思

1. 表情面板僅能夠顯示 4 位數，超過 4 位數會以【9999】表示。

2. 如果表情面板需顯示 4 位數以上的數字，需要以跑馬燈方式顯示。

做·中·學 ❸ 表情面板顯示文字

1. 點選 顯示，拖曳下圖積木並點選【連接埠 X】，點擊 🏳，檢查表情面板顯示的文字為何？

> 當 🏳 被點一下
>
> 🤖 表情面板 連接埠4 ▼ 顯示文字 hello 位置 x: 0 y: 0

表情面板顯示的文字為：＿＿＿＿＿＿＿＿＿＿＿＿＿＿＿＿＿。

2. 重複步驟 1，拖曳下圖積木並點選【連接埠 X】，輸入大寫字母【ABCDE】，按下空白鍵，檢查表情面板顯示的文字為何？

> 當 空白鍵 ▼ 鍵被按下
>
> 🤖 表情面板 連接埠4 ▼ 顯示文字 ABCDE

表情面板顯示的文字為：＿＿＿＿＿＿＿＿＿＿＿＿＿＿＿＿＿。

學中思 　表情面板僅能夠顯示 3 個大寫或小寫英文字母，超過 3 個字以上的文字需要以跑馬燈方式顯示。

6.4 表情面板顯示文字跑馬燈

表情面板 x 軸橫向有 16 個 LED，能夠顯示 3 個英文字，從坐標 0,0 開始顯示。平均每個字需要 5 個 LED。利用變數讓 x 坐標移動，顯示跑馬燈。

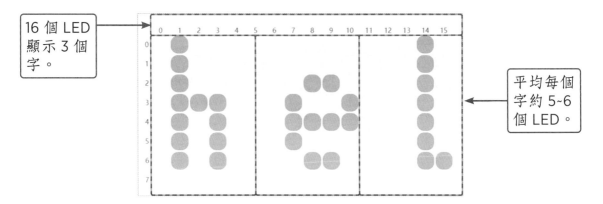

16 個 LED 顯示 3 個字。

平均每個字約 5~6 個 LED。

做·中·學 ❹ 表情面板顯示跑馬燈

1. 點選 【設備】，按 變數，建立變數，輸入【x】，再按【確認】。

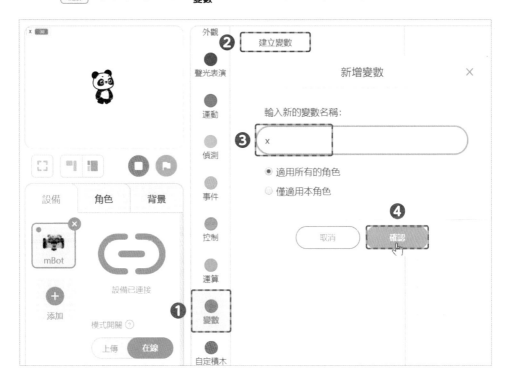

2. 拖曳下圖積木，讓表情面板顯示「hello」跑馬燈。

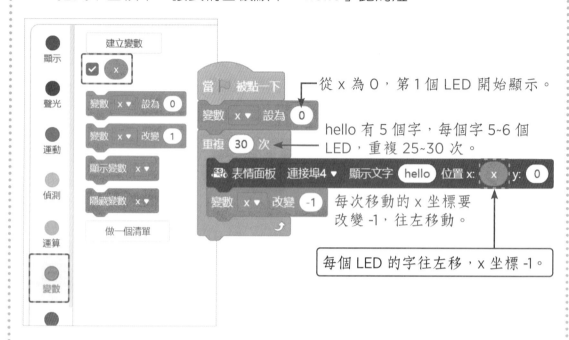

從 x 為 0，第 1 個 LED 開始顯示。

hello 有 5 個字，每個字 5~6 個 LED，重複 25~30 次。

每次移動的 x 坐標要改變 -1，往左移動。

每個 LED 的字往左移，x 坐標 -1。

3. 點擊 ，檢查表情面板是否顯示由右往左移動的「hello」跑馬燈。

每個字每次往左移動 1，x 坐標 -1。

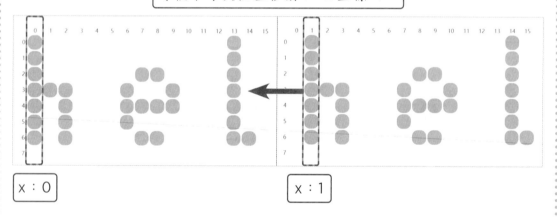

x：0

x：1

6.5 角色 Panda 説天氣資訊

mBlock 5 的天氣資訊積木,在「角色」的新增擴展中。

一、天氣資訊積木

功能	積木與說明	
傳回溫度值	城市 最高溫度 (°c)	傳回城市最高攝氏溫度值。
	城市 最低溫度 (°c)	傳回城市最低攝氏溫度值。
	城市 最高溫度 (°F)	傳回城市最高華氏溫度值。
	城市 最低溫度 (°F)	傳回城市最低華氏溫度值。
傳回溼度值	城市 濕度 (%)	傳回城市濕度值。
傳回天氣值	城市 天氣	傳回城市天氣。
傳回日落或日出時間	城市 日落時間 小時 ▼	傳回城市日落的時間。
	城市 日出時間 小時 ▼	傳回城市日出的時間。
傳回空氣品質	地區 空氣品質 空氣品質指數 ▼ 指數 ✓ 空氣品質指數 PM2.5 PM10 CO SO2 NO2 傳回地區的空氣品質,包括:細懸浮微粒(PM2.5)、懸浮微粒(PM10)、一氧化碳(CO)、二氧化硫(SO2)、二氧化氮(NO2)	

二、角色 Panda 説天氣資訊

角色 Panda 說：「台北最高溫度 15」、「台北最低溫度 10」與「台北空氣品質 34」。

① 點選 檔案，【檔案 > 新建專案】，在「設備」按 添加，新增 mBot 【mBot】，點選【連接 > COM 值 > 連接】，將連線模式設定為【即時】。

② 在角色新增天氣資訊積木。

③ 按 變數，建立變數，建立【台北最高溫度】、【台北最低溫度】、【台北空氣品質】與【x】四個變數。

④ 點選 事件、控制、變數 與 天氣資訊，設定「台北最高溫度」變數值為天氣資訊連線網路的「台北最高溫度」。

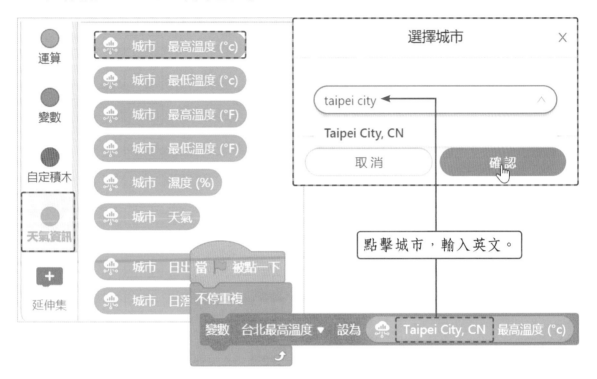

⑤ 點選 外觀、運算 與 變數，拖曳下圖積木，角色 Panda 說出：「台北最高溫度 xx」。

❻ 點擊 ，檢查 Panda 是否說出：「台北最高溫度 16」。

台北最高溫度16

❼ 重複上述步驟，讓 Panda 說出：「台北最低溫度 xx」與「台北空氣品質 xx」。

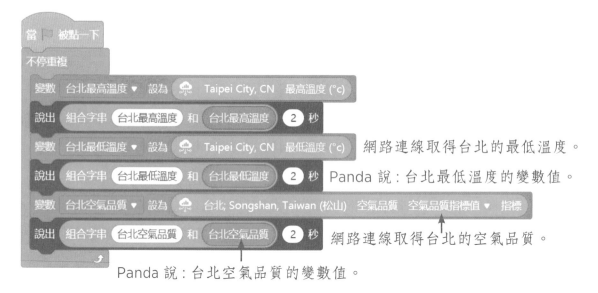

網路連線取得台北的最低溫度。

Panda 說：台北最低溫度的變數值。

網路連線取得台北的空氣品質。

Panda 說：台北空氣品質的變數值。

學 中 思

1. 輸入「城市」的中文或英文，搜尋城市的結果會以英文「taipei city」
（台北市）顯示。

2. 在 運算，積木 組合字串 蘋果 和 香蕉，將「蘋果」與「香蕉」兩個位置
的字串組合成「蘋果香蕉」。

6.6 mBot 氣象播報機

mBot 表情面板重複顯示「台北最高溫度 xx」、「台北最低溫度 xx」與「台北空氣品質 xx」的跑馬燈。

一、角色與設備傳遞資訊

Panda「角色」利用「變數」將台北最高溫度、最低溫度與空氣品質的資訊重複傳遞給 mBot「設備」，讓 mBot 表情面板即時連線播放天氣資訊的跑馬燈。角色與設備資訊傳遞流程如下：

角色 變數設為天氣資訊	設備 顯示天氣資訊的變數值	表情面板 顯示天氣資訊

角色	設備
設定變數值	傳回變數值
將台北最高溫度、最低溫度與空氣品質變數設為天氣資訊。	表情面板以跑馬燈顯示台北最高溫度、最低溫度與空氣品質的變數值。

二、mBot 氣象播報機

mBot 的表情面板重複顯示台北最高溫度、最低溫度與空氣品質的跑馬燈。

定義積木

① 點選 【設備】mBot，點選 自訂積木 ，定義【台北最高溫度】、【台北最低溫度】與【台北空氣品質】三個函式積木。

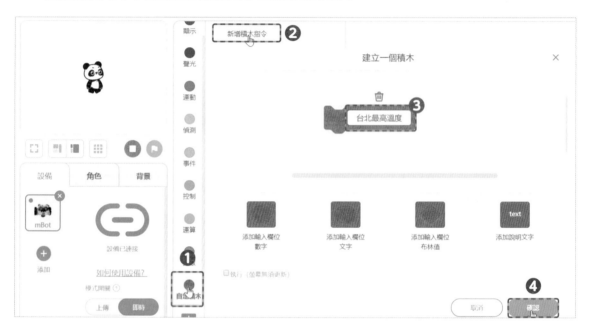

② 複製做中學 4 表情面板顯示跑馬燈程式，更改重複執行次數。

A. 定義「台北最高溫度」積木

B. 定義「台北最低溫度」積木

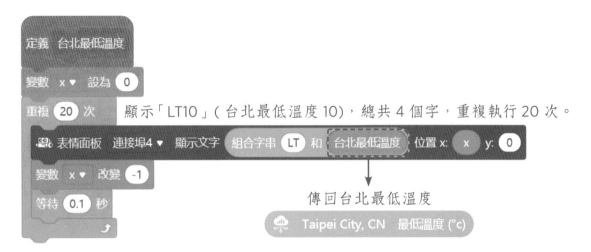

顯示「LT10」(台北最低溫度 10)，總共 4 個字，重複執行 20 次。

傳回台北最低溫度

C. 定義「台北空氣品質」積木

顯示「AQI32」(台北空氣品質 32)，總共 5 個字，重複執行 25 次。

傳回台北空氣品質

學中思 表情板僅能顯示英文、數字或符號，將「台北最高溫度」、「台北最低溫度」與「台北空氣品質」的文字改成英文。

執行定義積木

❶ 拖曳下圖積木，重複執行已定義的「台北最高溫度」、「台北最低溫度」與
「台北空氣品質」積木。

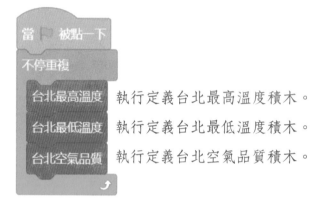

❷ 點擊 ▶，檢查 Panda 是否重複說天氣資訊、mBot 氣象播報機重複續示
天氣資訊跑馬燈。

學中思

定義積木執行方式。

「台北最高溫度」積木，會去
執行定義的 5 行程式積木。

一、單選題

( ) 1. 如果想讓電腦能夠連接網路搜尋天氣、日出或空氣品質等資訊，應該使用下列哪一種功能？

    (A) 人工智慧   (B) 天氣資訊

    (C) 機器深度學習   (D) 使用者雲訊息

( ) 2. 如果將 mBot 連接無線（Wi-Fi），存取網際網路的資訊，屬於哪一種主題的應用？

    (A) 物聯網   (B) 人工智慧

    (C) 機器深度學習   (D) 上傳模式廣播

( ) 3. 如果想設計角色 Panda，將網路資訊傳遞給 mBot 的表情面板顯示，應該使用下列哪一個積木？

    (A) 說出 你好! 2 秒

    (B) 組合字串 蘋果 和 香蕉

    (C) 表情面板 連接埠1 ▼ 顯示文字 hello

    (D) LED燈位置 全部 ▼ 的配色數值為 紅 255 綠 0 藍 0

( ) 4. 關於下圖程式的敘述，何者「錯誤」？

(A) 將變數設定為連線即時天氣資訊

(B) 設備 mBot 能夠存取紐約、台北或宜蘭的變數值

(C) 開啟即時模式才能連線存取資訊

(D) 需要註冊使用者帳戶才能使用天氣資訊。

(　) 5. 下列關於表情面板的敘述，何者「錯誤」？

(A) 　表情面板　連接埠1 ▼　顯示數字　2048

表情面板能夠顯示 3 個數字

(B) 表情面板的坐標從（0,0）開始

(C) 　表情面板　連接埠1 ▼　顯示文字　hello

表情面板能夠顯示 3 個英文字

(D) 　表情面板　連接埠1 ▼　顯示圖案　▨▨

表情面板能夠顯示自己設計的圖案。

二、實作題

1. 請在「角色」新增「text to speech」（文字轉語音），將語言（language）設定為中文（Chinese Mandarin）（　將語言設定為 English ▼　）。當按下空白鍵，讓角色說出（　說 hello　）「組合字串的文字」，以語音播報天氣資訊。

2. 請在角色設計溫度警示動畫，如果台北溫度大於 30 度，Panda 改變「外觀的圖像效果」，並說：「高溫，注意防曬、多喝水」。

（1）使用　圖像效果　顏色 ▼　改變　改變七種圖像效果。

（2）再以　圖像效果清除　還原圖像效果。

07 mBot 智能學習機

mBot 現在要變身為智能學習機。它能夠學習任何事物,例如:紅綠燈、行人、障礙物、鈔票或學生證等,再辨識學習的內容,依據辨識結果執行動作。

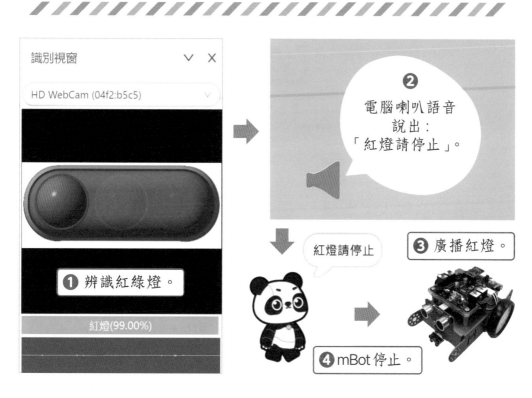

1 辨識紅綠燈。

② 電腦喇叭語音說出:「紅燈請停止」。

③ 廣播紅燈。

紅燈請停止

④ mBot 停止。

1 理解機器深度學習概念。

2 建立紅燈、黃燈與綠燈機器深度學習的模型。

3 應用機器深度學習,設計 mBot 智能學習機的互動模式。

4 設計 mBot 先判斷學習內容,再自動執行。

學習重點

7.1 機器深度學習

一、機器深度學習

機器深度學習（Machine Learning，ML）是讓電腦學習東西，建立類似人類大腦的人造神經網路。例如：訓練電腦識別聲音、圖片、影片或文字等。

二、機器深度學習與人工智慧

人工智慧（AI）是指設計程式讓電腦具有類似人類的智慧。例如在第六章電腦能夠識別人臉年齡或語音等。機器深度學習與人工智慧的關係，就好像「學以致用」，讓電腦學習屬於「機器深度學習」、讓電腦將學習到的東西用出來就是「人工智慧」。

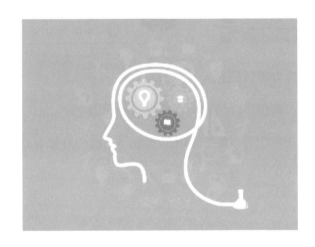

三、建立機器深度學習

機器深度學習分為訓練、檢驗與應用三階段。

（一）訓練

訓練階段在訓練電腦建立模型，例如：訓練電腦建立眼睛、嘴巴、耳朵等特徵模型。

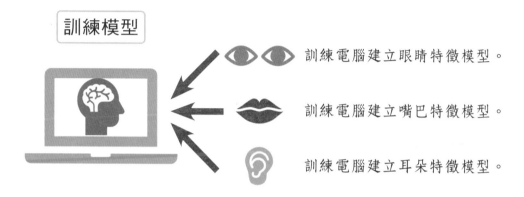

訓練模型

訓練電腦建立眼睛特徵模型。

訓練電腦建立嘴巴特徵模型。

訓練電腦建立耳朵特徵模型。

（二）檢驗

檢驗階段在驗證電腦建立模型的可信度。例如：讓電腦辨識眼睛，電腦正確說出眼睛的可信度是多少？

（三）應用

應用電腦判斷的結果。例如：電腦正確判斷眼睛之後，能夠將「眼睛」應用在判斷眨眼、閉眼或張開眼睛等。

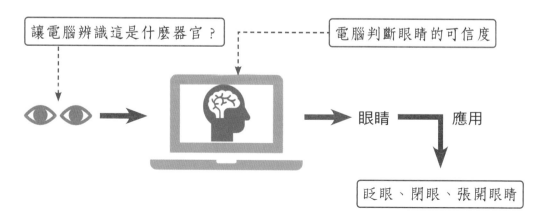

讓電腦辨識這是什麼器官？ 電腦判斷眼睛的可信度

眼睛 應用

眨眼、閉眼、張開眼睛

7.2 mBot 智能學習機元件規劃

本章將設計 mBot 智能學習機。讓角色進行機器深度學習，學習紅綠燈，建立類似人類大腦的人造神經網路。再辨識紅綠燈，最後 mBot 執行停止、減速或前進的動作。mBot 智能學習機使用元件與執行流程如下圖所示。

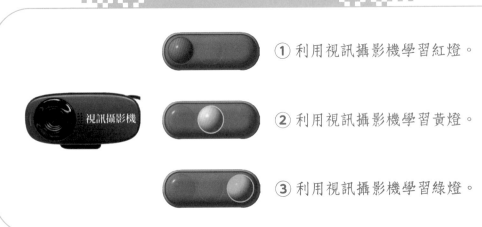

① 利用視訊攝影機學習紅燈。

② 利用視訊攝影機學習黃燈。

③ 利用視訊攝影機學習綠燈。

二、角色辨識紅綠燈

① 利用視訊攝影機辨識紅燈。

② 利用視訊攝影機辨識黃燈。

③ 利用視訊攝影機辨識綠燈。

三、角色說辨識結果

紅燈請停止

① 辨識結果是紅燈，角色說出：「紅燈請停止」。

② 辨識結果是黃燈，角色說出：「黃燈請減速慢行」。

③ 辨識結果是綠燈，角色說出：「綠燈請通行」。

廣播

四、mBot 執行紅綠燈

① 紅燈時，mBot 停止。

② 黃燈時，mBot 減速。

③ 綠燈時，mBot 前進。

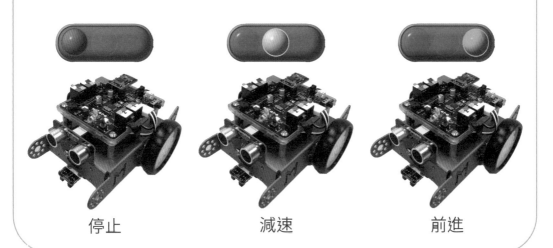

停止　　　　　　　減速　　　　　　　前進

一、mBot 與機器深度學習互動規劃

機器深度學習包含訓練模型、檢驗與應用三個步驟，在 mBot 智能學習機與 Panda 機器深度學習的互動規劃與關鍵積木如下圖所示。

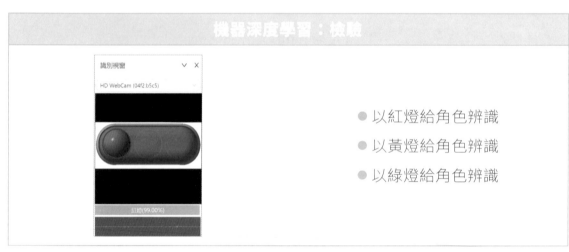

機器深度學習：應用

- 如果辨識結果是紅燈，語音播放：「紅燈請停止」、角色同步說出文字、mBot 停止。
- 如果辨識結果是黃燈，語音播放：「黃燈請減速慢行」、角色同步說出文字、mBot 減速慢行。
- 如果辨識結果是綠燈，語音播放：「綠燈請通行」、角色同步說出文字、mBot 前進。

機器深度學習 辨識結果	**文字轉語音** 說 hello
傳回辨識結果。	語音說。
運動 前進 ▼ ，動力 50 %	
讓 mBot 重複前進、後退、左轉或右轉。	

7.3 訓練模型

讓電腦學習紅燈、綠燈與黃燈，建立訓練模型。

① 點選 📁檔案，【檔案 > 新建專案】，在「設備」按 ➕添加 ，新增 🤖【mBot】，點選【連接 > COM 值 > 連接】，將連線模式設定為【即時】。

② 在角色新增機器深度學習積木。

用 mBlock 玩 mBot 機器人互動程式設計

❸ 點選 **機器深度學習**，按【訓練模型】，在「分類 1」分別輸入【紅燈】、【黃燈】與【綠燈】，訓練紅綠燈模型。

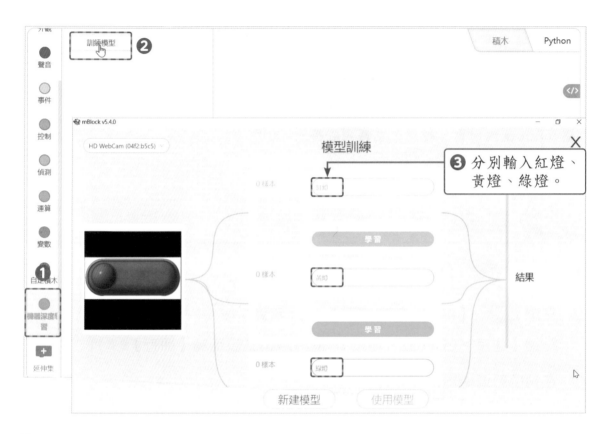

 **小提示**

紅綠燈圖片請參閱課後習題。

思|中|創 　利用生活中常見的具體範例建立機器學習模型，學習模型以圖片進行人工知慧比對，圖片範例的差異性愈大時，機器學習結果的可信度愈高。

④ 開啟視訊攝影機，將紅燈放在視訊攝影機鏡頭前，長按【學習】，直到「樣本」照片超過 10 張，再放開「學習」按鈕，訓練辨識紅燈模型。

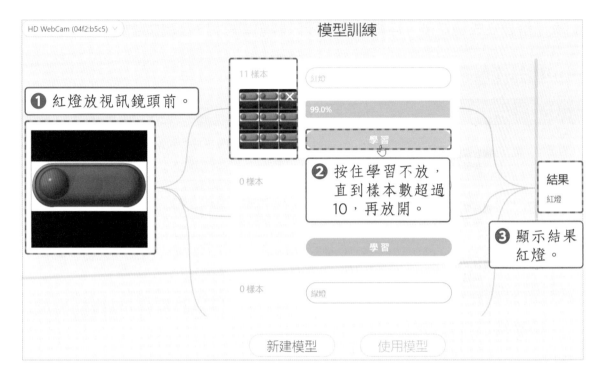

⑤ 重複上一步驟，學習「黃燈」與「綠燈」。最後點選【使用模型】，自動產生機器深度學習積木。

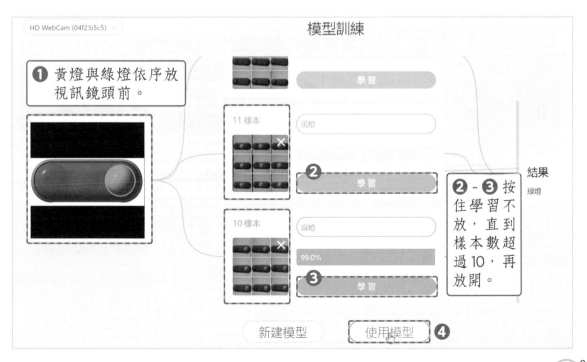

7.4 檢驗機器深度學習

訓練模型建立成功之後，自動產生機器深度學習紅燈、黃燈與綠燈積木。

一、機器深度學習積木

功能	積木	說明
傳回結果	機器深度學習 辨識結果	傳回辨識結果為紅燈、黃燈或綠燈。
可信度	機器深度學習 紅燈▼ 的可信度	傳回辨識結果的可信度。
判斷結果	機器深度學習 辨識結果是 紅燈▼ ？	判斷辨識結果是否為紅燈、黃燈與綠燈。

二、檢驗機器深度學習

以紅燈、黃燈與綠燈給角色辨識，語音說出辨識結果。

❶ 在角色新增文字轉語音 (Text to Speech) 積木。

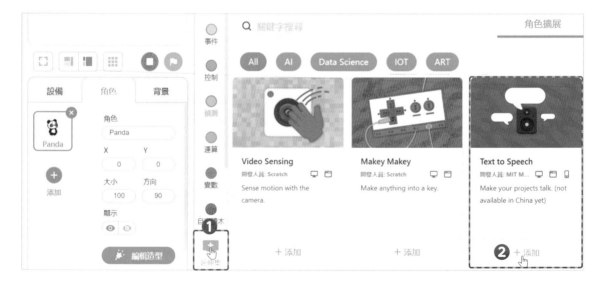

❷ 按  事件 、 文字轉語音 、 控制 與 偵測 ，將語音設定為中文 (Chinese Mandarin)、按下 s 鍵開始辨識、按下 q 停止辨識。

❸ 按 事件 、 運算 、 文字轉語音 與 機器深度學習 ，語音說出辨識結果 (紅燈) 請停止。

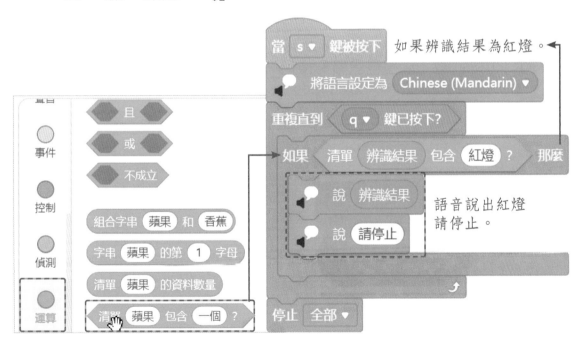

④ 按 事件、外觀、運算 與 機器深度學習，拖曳下圖積木，廣播訊息給 mBot、角色 Panda 說出：「紅燈請停止」。

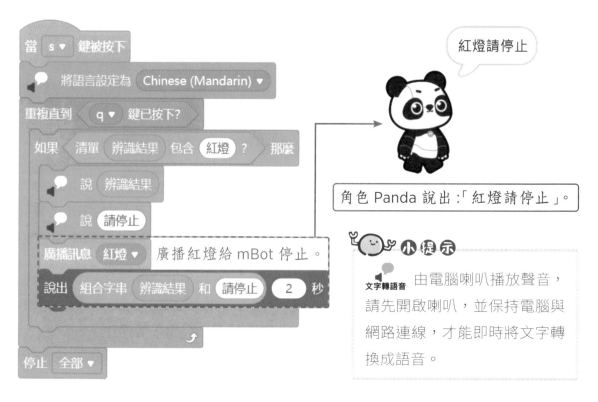

紅燈請停止

角色 Panda 說出：「紅燈請停止」。

小提示

文字轉語音　由電腦喇叭播放聲音，請先開啟喇叭，並保持電腦與網路連線，才能即時將文字轉換成語音。

⑤ 按下 s，以紅燈，放在視訊攝影機前，檢查語音與角色說出：「紅燈請停止」。

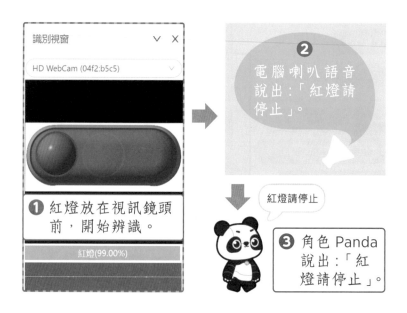

⑥ 重複上述步驟，拖曳下圖積木，辨識黃燈與綠燈。

當 s ▼ 鍵被按下

將語言設定為 Chinese (Mandarin) ▼

重複直到 q ▼ 鍵已按下?

如果 清單 辨識結果 包含 紅燈 ? 那麼

說 辨識結果

說 請停止

廣播訊息 紅燈 ▼

說出 組合字串 辨識結果 和 請停止 2 秒

紅燈請停止

如果 清單 辨識結果 包含 黃燈 ? 那麼

說 辨識結果

說 請減速慢行

廣播訊息 黃燈 ▼

說出 組合字串 辨識結果 和 請減速慢行 2 秒

黃燈請減速慢行

如果 清單 辨識結果 包含 綠燈 ? 那麼

說 辨識結果

說 請通行

廣播訊息 綠燈 ▼

說出 組合字串 辨識結果 和 請通行 2 秒

綠燈請通行

停止 全部 ▼

7.5 mBot 智能學習機

mBot 學習完辨識紅燈、黃燈與綠燈之後，依據燈號執行不同動作。mBot 智能學習機的學習流程：

角色訓練模型 > 角色檢驗辨識紅綠燈 > 角色說出辨識結果 > **mBot 應用結果**

★ 如果辨識結果是紅燈，廣播訊息「紅燈」、mBot 停止。

★ 如果辨識結果是黃燈，廣播訊息「黃燈」、mBot 減速慢行。

★ 如果辨識結果是綠燈，廣播訊息「綠燈」、mBot 前進。

1 點選 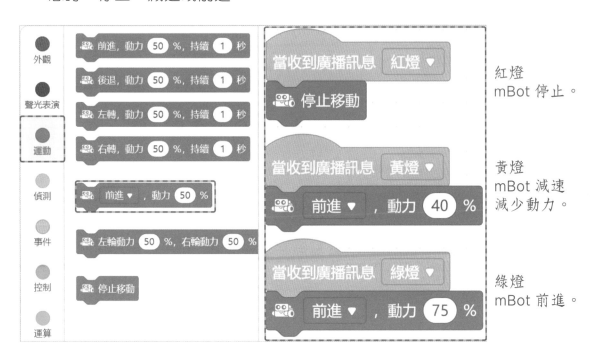【設備】，按 事件 與 運動，拖曳下圖積木，當 mBot 接到廣播訊息時，停止、減速或前進。

紅燈
mBot 停止。

黃燈
mBot 減速
減少動力。

綠燈
mBot 前進。

停止　　　　　　　減速　　　　　　　前進

🐛 小提示

mBot 能夠外接擴充 mp3 播放器，播放 mp3 歌曲或錄音。

一、單選題

(　) 1. 如果想讓電腦能夠像人類一樣學習辨識紅綠燈,應該使用下列哪一種
功能訓練電腦學習?

　　(A) 人工智慧　　　　　　　　　　(B) 物聯網

　　(C) 機器深度學習　　　　　　　　(D) 使用者雲訊息。

(　) 2. 下列關於機器深度學習的敘述,何者「正確」?

　　(A) 辨識結果　傳回辨識結果

　　(B) 辨識結果是 紅燈▼ ?　判斷辨識結果是否為紅燈

　　(C) 紅燈▼ 的可信度　傳回判斷結果是紅燈的可信度值

　　(D) 以上皆是。

(　) 3. 如果想要讓電腦傳回判斷的可信度,應該使用下列哪一個積木?

　　(A) 紅燈▼ 的可信度　　　　　(B) 辨識結果是 紅燈▼ ?

　　(C) 辨識結果　　　　　　　　　(D) 將語言設定為 Japanese▼ 。

(　) 4. 下圖程式應該寫在哪一個位置?

當收到廣播訊息 綠燈▼

前進▼ ,動力 75 %

　　(A) 舞台　　　　(B) 背景　　　　(C) 角色　　　　(D) 設備。

（　　）5. 下圖程式的功能為何？

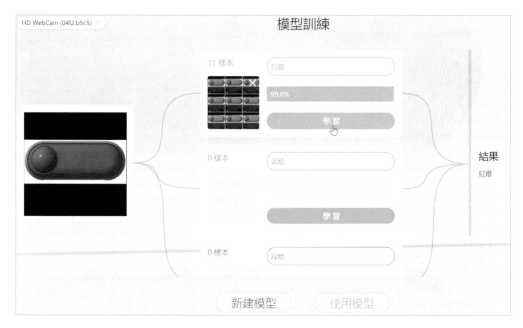

(A) 訓練電腦建立紅燈的模型　　(B) 檢核電腦是否能夠辨識紅燈
(C) 應用電腦辨識紅燈的結果　　(D) 以上皆是。

二、實作題

1. 請在延申集新增 **翻譯**「Translate」(翻譯) 積木，利用 (1)「翻譯」將辨識 結果翻譯成日文 (翻譯 辨識結果 成 日文▼)，(2)「文字轉語音」將語 言設定成日文 (將語言設定為 Japanese▼)，讓 Panda 語音說出日文 (或 韓文、法文等其他國家) 語音。

2. 請重新建立訓練模型，分成 3 類，以 100 元、50 元與 10 元建立訓練模型， 再讓 Panda 說出人工智慧鈔票辨識的結果與可信度，同時廣播訊息給 mBot 表情面板顯示鈔票辨識的面額。

紅綠燈

（一）紅燈

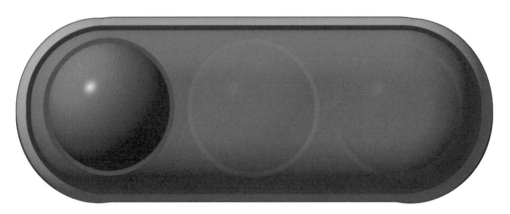

（二）黃燈

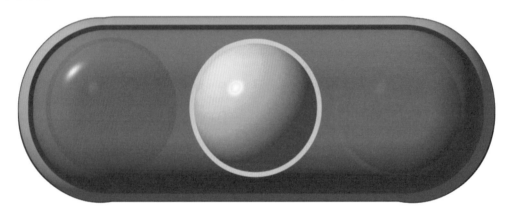

（三）綠燈

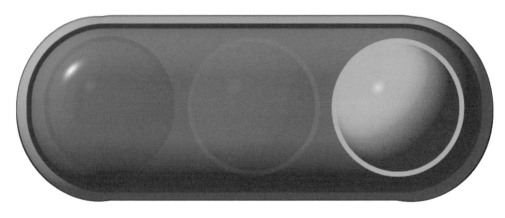

08 mBot 娛樂機

mBot 智能小尖兵現在要變身為娛樂機,帶您一起體驗互動數字遊戲。

1 理解 mBot 的循線感測器與 mBlock 積木。

2 應用循線感測器控制角色左右移動。

3 整合設備 mBot 與角色 Panda 設計互動遊戲。

學習重點

8.1 mBot 娛樂機元件規劃

本章將設計 mBot 娛樂機。利用 mBot 的循線感測器，控制角色 Panda 的移動。當左手摸左側循線感測器時，Panda 往左移動、右手摸右側循線感測器時，Panda 往右移動。同時 0~9 動物數字重複由上往下掉落，當 Panda 接到動物數字時加分。

mBot 娛樂機使用的元件功能如下圖所示。

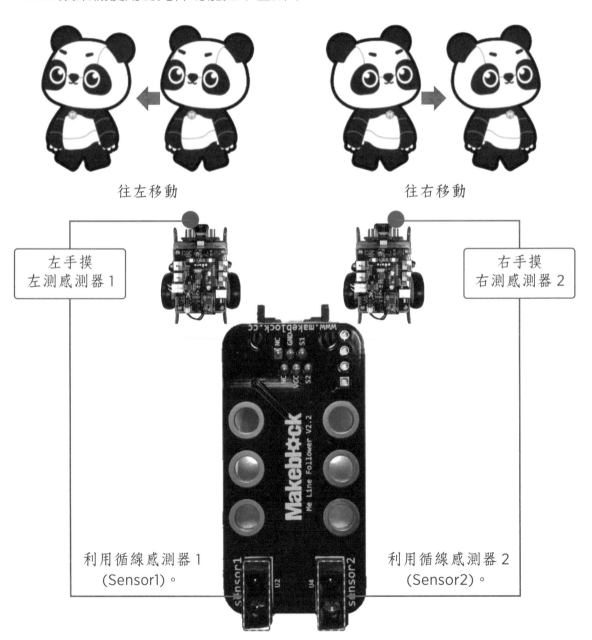

往左移動　　　　　　　　　　　往右移動

左手摸
左測感測器 1

右手摸
右測感測器 2

利用循線感測器 1
(Sensor1)。

利用循線感測器 2
(Sensor2)。

一、mBot 娛樂機控制 Panda 移動執行流程與關鍵積木

設備 mBot	角色 Panda	角色 Animal n...
設定變數方向為循線感測器偵測值 變數 方向 ▼ 設為 循線感測器 連接埠2 ▼ 數值	傳回方向變數值 方向	重複由上往下移動 將y座標改變 -1
左手按 Sensor1 亮燈循線感測器 =2	如果左手按，方向 =2 Panda 面向左，往左移動 面向 -90 度 移動 10 步	如果數字碰到 Panda 碰到 Panda ▼ ?
右手按 Sensor2 亮燈循線感測器 =1	如果右手按，方向 =1 Panda 面向右，往右移動 面向 90 度 移動 10 步	得分加1回到上方重新往下移動 變數 得分 ▼ 改變 1 廣播訊息 原點1 ▼

8.2 設備傳遞感測器數值給角色

mBot 的循線感測器利用「變數」將循線感測器的數值傳遞給角色 Panda 讀取。

建立變數「方向」重複偵測循線感測器的數值，角色再利用變數值，設定 Panda 移動的方向。

 做·中·學 ❶ 循線感測器偵測值

左手摸循線感測器 Sensor1 亮燈，傳回循線感測器數值 2、右手摸循線感測器 Sensor2 亮燈，傳回循線感測器數值 1。

1. 點選 📁檔案，【檔案 > 新建專案】，在「設備」按 ➕添加，新增 🤖【mBot】，點選【連接 > COM 值 > 連接】，將連線模式設定為 上傳 即時 【即時】。

2. 勾選循線感測器與 mBot 的連接埠。

   ☐ 連接埠 1　　☐ 連接埠 2　　☐ 連接埠 3　　☐ 連接埠 4

3. 依照下列步驟操作，檢查循線感測器的數值。

★ 左手摸左側循線感測器 Sensor1 亮燈，檢查舞台是否顯示偵測值 2。

★ 右手摸右側循線感測器 Sensor2 亮燈，檢查舞台是否顯示偵測值 1。

❶ 點選【設備】，按 變數 ，建立變數，輸入【方向】，再按【確認】。

❷ 按 ⬤ 事件、⬤ 控制、⬤ 變數 與 ⬤ 偵測，設定變數「方向」的值為循線感測器的數值。

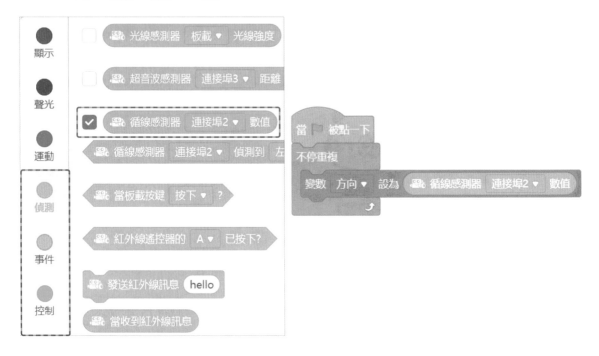

❸ 點擊 🚩，左手或右手摸住左側或右側循線感測器，檢查「方向」的值與「循線感測器連接埠 2」數值相同。

❸ 循線感測器與方向皆為 2。

❷ 摸左側感測器數值為 2。

❹ 摸右側感測器數值為 1。

8.3 循線感測器控制角色移動

角色 Panda 面向左與面向右移動。

一、角色面朝方向與移動

功能	積木	說明
面朝方向	面向 90 度 上 0 -90 左　右 90 下 180	角色面朝上（0度）、下（180度）、左（-90度）、右（90度）。
移動	移動 10 步	角色往面朝方向移動 10 步，預設往右移動，負數往左。
左右移動	將x座標改變 10	角色往右移動 10 步，負數往左移動。
上下移動	將y座標改變 10	角色往上移動 10 步，負數往下移動。

二、Panda 隨著循線感測器左右移動

左手摸循線感測器 Sensor1 亮燈，Panda 往左移動。

面朝左，往左移動。

右手摸循線感測器 Sensor2 亮燈，Panda 往右移動。

面朝右，往右移動。

① 點選角色【Panda】，將角色移到舞台中央的下方，再按 ⬤ 、 ⬤ 、
事件　動作
⬤ 、 ⬤ 與 ⬤ ，拖曳下圖積木 Panda 隨著循線感測器左右移動。
控制　運算　變數

當 ▶ 被點一下

旋轉方式設為 左-右 ▼ 　設定角色左右旋轉。

移動到 x: ⓪ y: -120 位置　設定位起始位置。

不停重複

　如果 〈 方向 = 1 〉那麼 　摸右側。

　面向 90 度 　面朝右。

　移動 15 步 　移動。

　下一個造型 　換成走路造型。

面朝右，往右移動。

　如果 〈 方向 = 2 〉那麼 　摸左側。

　面向 -90 度 　面朝左。

　移動 15 步 　移動。

　下一個造型 　換成走路造型。

面朝左，往左移動。

② 點擊 ▶ ，左手摸左邊循線感測器，檢查 Panda 是否往左移動，右手摸右邊循線感測器，檢查 Panda 是否往右移動。

8.4 角色重複由上往下移動

新增動物數字角色，重複由上往下移動，並變換數字造型。

一、角色重複由上往下移動

❶ 在角色按 ➕添加 ，新增【Animals number】（動物數字）角色。

❷ 按 事件 、 控制 與 動作 ，將角色定位在舞台最上方隨機位置。

❸ 按 ⬤ 與 ⬤ ，拖曳下圖積木，角色重複往下移動 360 次，每次移動 1 步。
　　控制　　動作

❹ 點擊 ⬤ ，檢查角色是否重複由上往下移動。

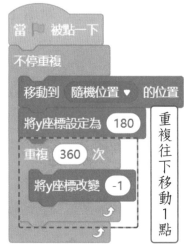

學中思

1. 舞台高度為 y 坐標，最上方 180、最下方 -180，高度為 360。寬度為 x 坐標，最左邊 -240、最右邊 240，寬度為 480。

2. 舞台高度 360，每次移動 1 步，因此，重複執行 360 才能移到最下方，y 座標改變的數值「負數」代表向下移動，數字代表移動的點數 1；相反的 y 座標改變的數值「正數」代表向上移動。

思中創

動動腦，如果想要調整動物數字的移動速度應該如何調整？

（移動的次數）×（y 座標改變的數字，不考慮負數）＝ 360，範例速度如下。

二、角色變換造型

角色重複變換數字造型。

① 按 **事件**、**外觀** 與 **控制**，拖曳下圖積木，角色每 1 秒變換一種造型。

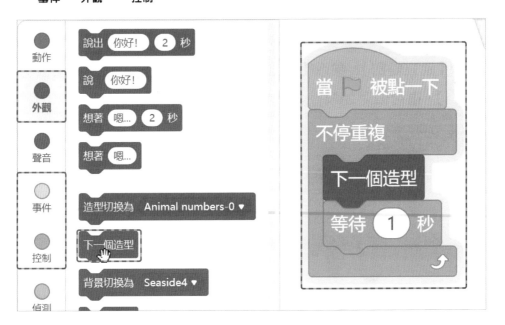

② 點擊 🏳，檢查角色是否重複由上往下移動，並且重複變換造型。

學中思 　點擊角色的【編輯造型】，動物數字總共有 0~9，十種造型，每 1 秒變換一種造型。

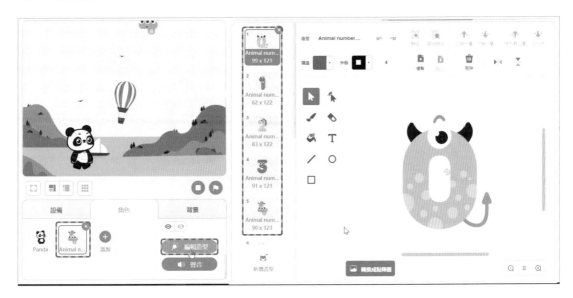

角色偵測碰到角色得分

如果動物數字碰到 Panda，得分加 1，動物數字回到舞台上方，重新往下移動。

一、角色偵測碰到角色

① 點選 變數，【建立變數】，輸入【得分】，再按 控制 與 偵測 ，拖曳下圖積木，點
選【Panda】，重複偵測如果動物數字碰到 Panda。

② 按 **變數**，拖曳 變數 得分▾ 改變 ①，點選【得分】，將得分加 1。

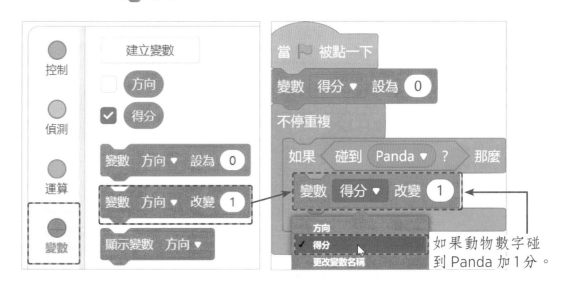

如果動物數字碰到 Panda 加 1 分。

8.6 角色廣播

一、角色重新往下移動

動物數字碰到 Panda 之後，廣播訊息，再接收廣播訊息回到舞台上方重新往下移動。

① 按 **事件**，廣播新的訊息，輸入【原點 1】，讓動物數字 1 重新由上往下移動。

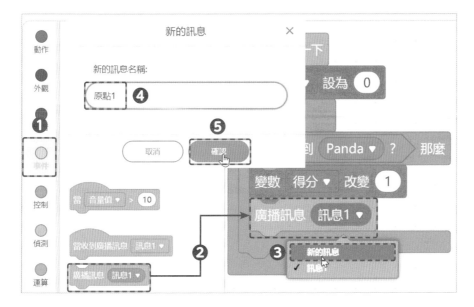

② 拖曳 當收到廣播訊息 訊息1▼ ，點選【原點 1】，並複製移動積木。讓動物數字收到原點 1 廣播重複由上往下移動。

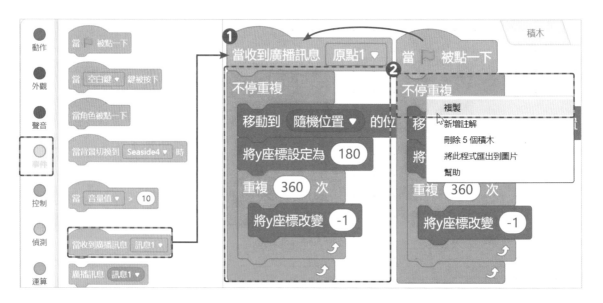

二、複製角色與程式

複製多個動物數字角色與程式。

① 在動物數字按右鍵【複製】，並將複製的動物數字 2 的廣播訊息改為【原點 2】，收到廣播訊息也改為【原點 2】。重複上述步驟，複製多個動物數字。

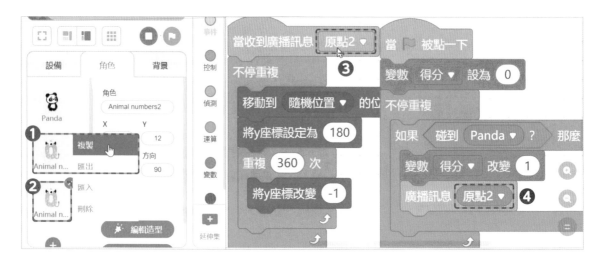

② 點擊 ，檢查 5 個動物數字是否重複由上往下移動，Panda 碰到動物數字得分加 1。

③ 點選 📁檔案【儲存到您的電腦】，輸入檔名，再按【存檔】。

學中思

廣播「原點 1」~「原點 5」與 5 個角色共用廣播「原點」的差異：

1. 如果廣播「原點 1」~「原點 5」，碰到動物數字 1 廣播原點 1，只有動物數字 1 回到上方重新往下。

2. 如果動物數字 1~5，共用廣播「原點」，如果碰到任何一個動物數字都會廣播「原點」，全部 5 個動物數字會回到上方重新往下。

一、單選題

( ) 1. 如果想讓 mBot 能夠偵測黑或白，應該使用下列哪一種感測器？

(A) 蜂鳴器　　　　　　　　　　(B) 超音感測器

(C) 循線感測器　　　　　　　　(D) 光線感測器。

( ) 2. 右圖 mBot 循線感測器右邊（sensor 2）亮燈，傳回的
參數值為何？

(A) 0　　　　　　　　　　　　　(B) 1

(C) 2　　　　　　　　　　　　　(D) 3。

( ) 3. 下列哪一種方式，能夠讓「設備」mBot 與「角色」Panda 之間，以
「即時模式」互相傳遞訊息或接收訊息？

(A) 將 x 座標改為 1　　　　　　(B) 廣播訊息

(C) 上傳模式　　　　　　　　　(D) 改變變數。

( ) 4. 如果想設計角色 Panda 往上移動，應該使用下列哪一個積木？

(A) 　　　　　(B) 將x座標改變 10

(C) 將x座標設定為 0 　　　　(D) 面向 90 度 。

( ) 5. 如果 Panda 的旋轉方式設定為「左 - 右」，右圖程式積木的敘述，會
讓 Panda 呈現下列哪一種結果？

(A) 　　(B)　　(C) 　　(D)  。

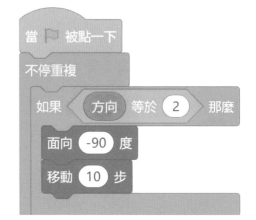

二、實作題

1. 請以 光線感測器 板載 ▾ 光線強度 積木，控制角色 Panda 左右移動。

（1）光線感測器偵測值介於 0~1024 之間

（2）如果光線感測器的偵測值大於 300（參數值依環境調整）Panda 往右
移動

（3）否則往左移動。

思 中 創

用手遮住光線感測器，Panda 往左移動、
未遮光線感測器，Panda 往右移動。

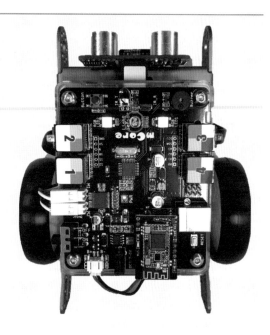

2. 利用聲音積木加入音效，當動物數字碰到 Panda 時，播放得分音效。

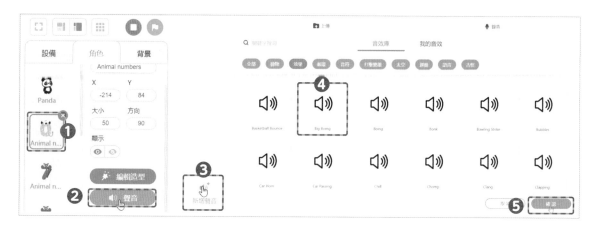

用 mBlock 玩 mBot 機器人互動程式設計(最新加強版)

作　　者：王麗君
企劃編輯：江佳慧
文字編輯：王雅雯
設計裝幀：張寶莉
發 行 人：廖文良

發 行 所：碁峰資訊股份有限公司
地　　址：台北市南港區三重路 66 號 7 樓之 6
電　　話：(02)2788-2408
傳　　真：(02)8192-4433
網　　站：www.gotop.com.tw
書　　號：AEG002000
版　　次：2023 年 04 月二版
　　　　　2024 年 01 月二版二刷
建議售價：NT$300

國家圖書館出版品預行編目資料

用 mBlock 玩 mBot 機器人互動程式設計 / 王麗君著. -- 二版. --
　臺北市：碁峰資訊, 2023.04
　　面；　公分
　ISBN 978-626-324-462-7(平裝)
　1.CST：機器人　2.CST：電腦程式設計
448.992029　　　　　　　　　　　　112003503